◇刊行のことば◇

二一世紀の世界農業は、我々農業ジャーナリストに、ますます重大な使命を担わせている。それは国の内外にわたる農業や食料に関する正しい情報が、今日ほど痛切に求められているときはないからである。

農政ジャーナリストの会は、一九五六年に創立されて以来、一貫して農業に関する正確な事実認識と公正な情報伝達のために、新聞、放送、雑誌など各分野に働く農業ジャーナリストの力を結集することに努めてきた。本会の機関誌『日本農業の動き』は、このような我々の努力の一端を、日本農業の現在並びに将来について関心をもつ、すべての人々に知っていただくために刊行されているものである。

我々は、本誌が会内外の強い支援に支えられて発展し、我が国農業の進歩に少しでも役立てば幸いであると思っている。

農政ジャーナリストの会

■ 日本農業の動き ■　No.186

農業改革、議論の行方

農政ジャーナリストの会

目　次

農業気象台……4

〈特集〉農業改革、議論の行方

不透明さを増す農業・農村の所得倍増への道筋……会員　下山隆雄……6

自民党が考える農業改革……衆議院議員　宮腰光寛……16

今の日本農業の何が問題か……東京大学大学院教授　本間正義……46

大規模農業法人の立場から経営を見る……有限会社藤岡農産代表取締役　藤岡茂憲……76

〈農政の焦点Ⅰ〉

米価下落で迷走する米政策……会員　村田泰夫……106

〈農政の焦点Ⅱ〉

安倍政権の政治手法は強権的か民主的か
――農協改革が分水嶺……会員　内田英憲……114

〈農政の焦点Ⅲ〉

表面化したバターの不足問題……会員　合瀬　宏毅……121

〈地方記者の眼〉

「地方創生」を考える

鳥インフルエンザ見えざる敵と果てなき闘い……南日本新聞報道部　三宅　太郎……128

〈「イオン農場」取材ツアー／農政ジャーナリストの会〉

企業による農業参入の実際……会員　池田　辰雄……134

編集後記……142

農業気象台

○…安倍政権下で議論されている「農業改革」とは何なのか。思えば小泉政権のころから「改革」は慢性的に語られてきた。途中で政権交代を挟みながらも議論は続いてきたのだから、「現状では駄目だ」という認識だけは幅広く共有されているのだろう。問題は、改革の狙いと具体策だ。これまで繰り返されてきた議論には、大きく二つの流れがあると思う。一つは「関税撤廃に耐えられるよう農業の体質を強くする」とし、貿易の自由化を前提に置き、改革をその対策として位置付ける。真面目に考えると意味不明なのだが、「強い農業」とか「攻めの農業」はこの延長線上にある。具体策としては、農産物の輸出促進や経営規模の拡大による生産コストの削減を挙げるだろう。もう一つの説明は「高齢化が進み後継者がいなくなる」と、担い手対策を重視する。言外に「貿易の自由化とは無関係」、あるいはもう一歩踏み込んで「貿易自由化に反対」という認識がある。青年就農促進や株式会社の農業分野への参入など新たな担い手の確保が具体策だ。「儲かる農業」や「再生産可能な農業」で所得対策を重視する。

○…安倍政権は、環太平洋連携協定（TPP）交渉への参加を決め、それと同期する形で二〇一三年六月に「日本再興戦略」と名付けた成長戦略を提示した。その中で農業を「成長産業」と位置付けた。その具体的な中身は、農地中間管理機構による農地の集積、農業の「六次産業化」、農産物の輸出増加の三本柱だ。経営規模の拡大と、加工・流通業との融合によって農家の経営力を強化し、輸出市場を切り開くという内容だ。コメ政策では同年秋に「五年後の減反廃止」を打ち出した。こうした政策を並べてみると、所得対策を重視した民主党農政から大きく転換したように見える。

しかしそもそも安倍政権は一二年の総選挙で、TPPに関して「（聖域なき関税撤廃を前提にする限り）交渉参加に反対」を公約にして政権を奪還した。その後「五項目の聖域」（コメ、麦、牛肉・豚肉、乳製品、甘味資源）を掲げているから、改革の狙いを「関税撤廃に耐えられる農業に」とする解釈は論理矛盾だ。一二年の総選挙で掲げた「農業・農村所得倍増目標一〇カ年戦略」は、要は「何でもやります」という内容であり、安倍政権の農政は出自からして理念なき、ご都合主義だった。

○…本来、農業分野の改革について合意を形成するのは簡単では無い。特に先進国では、国内総生産（ＧＤＰ）比でも、就業者比率でも、農業分野は長期的には縮小する傾向があり、なおかつ財源不足という課題を抱えている。米国はおおむね五年ごとに「農業法」を改正しており、オバマ政権も一一年に農業法の改正に着手した。しかし、農業予算の大幅削減をめぐって議会との調整は難航を極めた。一四年にようやく成立した新農業法では「作物収入保険」の役割が大きくなった。欧州連合（ＥＵ）の共通農業政策（ＣＡＰ）改革も難航した。特に過去の作付面積に応じて給付する直接支払いに対しては「既得権益」として批判が強く、二〇一三年末の農業理事会でようやくＣＡＰ改革規則が成立した。過去実績払いを見直し、生産調整は段階的に廃止する。一方で「グリーニング」と呼ばれる環境政策に重点を移す。農業の多面的機能を評価し、農業分野への補助金を、いわば正当化する内容だ。米、ＥＵに共通しているのは、限られた財政事情の中で画一的な運用を避け、地域や農家の事情に応じてきめ細かい運用ができるように工夫している点だ。合意形成のために十分な時間と手間を掛けている点も共通している。

○…一九九〇年代のウルグアイ・ラウンド交渉の時もそうだったが、欧米では農業の国内対策に先手を打ち、長期的な展望を示した上で、貿易の自由化交渉に臨む。米国やＥＵでは、この手順で改革が着々と進んでいる。一方、日本では、この手順が逆だ。ＴＰＰ交渉を外圧に使い、アベノミクスの第三の矢の象徴として「岩盤規制の緩和」を掲げ、農業協同組合（ＪＡ）改革に乗り出した。ＪＡグループの結束が固いとみるや、全国農業協同組合中央会（ＪＡ全中）の改革に焦点を当て、その分断を図るという構図だ。合意形成の手順を踏まえていないから議論はかみ合うはずもない。「農業改革」は「ＪＡ改革」にすり替わり、「全中改革」に矮小化され、政争の具に。明確な理念を欠いた改革では、生産者だけでなく消費者や納税者も納得しないだろう。（勇）

農業気象台

不透明さを増す農業・農村の所得倍増への道筋

会員　下　山　隆　雄

農業・農村の所得倍増を掲げる政府の農政改革は、二〇一五年度で実行二年目となる。年末の総選挙で中断した予算編成作業は年明け早々に再開され、一四年度補正予算案は一月九日、一五年度予算案は翌週一四日に閣議決定された。農林関係予算は、改革の加速を意識し、農地中間管理機構による担い手への農地集積・集約化、新規就農支援など多様な担い手の育成・確保関連の事業が増額されている。さらに地方創生に向け、各省庁の補正・当初予算では、合わせて一兆円を超す「まち・ひと・しごと創生関連事業」が措置されている。財政の制約がある中で、農業・農村の所得倍増や地方創生への意気込みを示した格好だ。

ただ、農業・農村の生産現場に目を移せば、一四年産米価の下落に伴い水田営農を担う農家や集落営農の経営悪化が懸念されており、小規模・高齢農家ばかりか中核農家の離農も懸念される状況にある。収入減少影響緩和対策（ナラシ）で一定の補てんがなされるにしても米価の回復がなければ手取りは減少していく。畜産・酪農でも酪農家や肉用牛繁殖農家の離農が続き、生乳生産量や繁殖もと牛の供給頭数が減少している。一四年秋から年末にかけ、スーパーの棚からバターが消えて生乳の供給不足が一般消費者にも認知された。また和子牛など肥育もと牛価格は異常な高騰が続き、今後の枝肉価格推移によっては、高値のもと牛を仕入れた肉用牛肥育経営を圧迫する可能性が指摘されている。そのため農林関係の予算編成では「畜産・酪農の競争力強化」として、補正と当初の総額で前年度当初比五〇〇億円超の二、三六八億円が計上された。

農政改革では、六次産業化や輸出の拡大などの促進による農家所得の増大を目指している。しかし、経営の基本となる米価や乳価などが再生産可能な水準に戻らなければ農業者の意欲を喚起できない。また、積み残し課題となっていた農協や農業委員会のあり方検討は一月下旬から始まっているが、農業・農村の持続的発展に向けた道筋は十分に見通せていない。農業・農村振興に現政権がどのようなかじ取りをするのか、二年目の進め方がきわめて重要となっている。

農協・農業委員会改革をめぐる対立

農協・農業委員会と農業生産法人のあり方見直しに向け、自民党は農協改革等法案検討プロジェクトチームを設置し、一月二〇日から四日連続で会合を開き農林水産省や団体から意見聴取した。特に問題となったのは、農協法で義務付けられたＪＡ全中の監査制度の扱いだ。年明け以降、稲田朋美政調会長など自民党幹部から監査制度廃止の発言が続いた。西川公也農相は閣議後会見で、ＪＡ全中による強制的な監査権限が単位農協の経営自由度を制限しているとの認識を示して「農協経営の自由度を高め、農家所得を高める」と述べ、公認会計士監査への移行を示唆している。急進的な政府方針に対し、自民党農林関係議員や農業団体が反発を強めている。

自民党の会合では、正組合員数を上回り農協組織の性格を損なうとして利用制限が課題とされた准組合員の扱い、農業委員会組織の公選制廃止などの具体化にも、農林関係議員から異論が噴出した。意見表明したＪＡ系統などの団体からも影響を懸念する発言が相次いでいる。農協、農業委員会のあり方見直しは、規制改革会議の二次答申を踏まえた一四年六月の与党とりまとめが出発点とされる。監査制度の廃止という文言はないが、准組合員利用のルール化と農業委員の公選制廃止は明記されている。農林関係議員が反発を強める背景には、規制改革会議などの急進的な提言に沿って政府主導で進められる改革の生産現場への影響を懸念しているためだ。政府は、早期に結論を得て通常国会への関連法案提出を目指しており、強硬に改革を進める可能性がある。しかし、四日間の議論を終えた時点の状況では納得できる説明がなされていない。

これまで規制改革会議などから提出された農政改革関連の提言は、企業の参入促進を重視し、既存の規制や農業団体による関与を薄めたい意図がはっきりしている。改革の必要性は認識しているとは言え、急進的な政府の改革方針は、農業団体と農業者が連携し、長い年月をかけて積み上げてきた現行体制を大きく崩す恐れがある。想定される生産現場への影響などにも配慮し、生産現場の不安を取り除く対応も求められる。

地域農協の自由な経済活動を促すだけか

与党とりまとめでは、各単位農協が自立した経済主体となり、積極的な経済活動による利益を組合員に還元することを農協改革の基本に据えている。連合会・中央会のあり方は、「各単位農協の自由な経営を制約しないよう十分留意」し、単位農協を適切にサポートする観点で見直すとしている。販売や資材の仕入れで全農・経済連を通すかどうかは「単位農協の選択に委ねる」とし、全農・経済連は経済界との迅速・自由な連携ができるよう「株式会社化を前向きに検討」と盛り込まれた。

また中央会制度は、危機的状態に陥った農協の再建が求められた一九五四年の設立から相当の年数が経過したことを踏まえ、役割を農業者・単位農協の意見集約、農協間の連絡・調整、行政との連絡などに明確にし、「自律的な新たな制度に移行する」とした。名指しはしていないものの、監査制度に対する問題意識が表れている。

農業者の経営環境が悪化する中で、単位農協には、販売の工夫による収益確保、安価な資材の供給による生産コスト低減など農家手取りの確保に向けた機能向上が求められる。これまで取り組まれた農協改革でも、常に課題とされてきた事項であり、必要性は理解しやすい。

一方で、農協法に基づく監査制度の義務づけが単位農協の自由な経済活動を妨げているのか、また監査制度を廃止すれば自由な経済活動と組合員の利益確保が追及できるのかという点に関しては、明確に判断できる材料に乏しい。とりまとめは、単位農協には「買取販売など適切なリスクをとりながらリターンを大きくすることを目指す」としている。実際に組合員の利益確保の観点から買取販売などに取り組む単位農協も出てきたが、民間企業と同レベルの利益追求型の経営を協同組合に求めてよいものか疑問もある。

協同組合は、組合員でつくる自主的な相互扶助組織であり、総合農協の事業は、農畜産物の販売や資材の購買以外に、生活物資の購買や福祉、信用・共済事業など多岐にわたる。少子・高齢化や過疎化が進む地域にあって、住民全体をサポートする事業の必要性はますます高まるとみられる。

准組合員の利用を一定のルールで制限した場合、農協以外に生活インフラがない地域では住民の生活に支障を来す恐れがあり、慎重な検討が必要だ。農協が准組合員の生活を支えているとともに准組合員による利用が農協を支える仕組みとなっている。地域への影響懸念を解消できる根拠が示されなければ、組合員農家や准組合員をはじめとする地域住民の理解は得られないのではないか。

ＪＡグループが一四年一一月に発表した自己改革案では、「事前指導型」から「経営相談（コンサル）・事後点検型」への転換を打ち出した。模範定款例の策定などの指導を廃止して単位農協による経営判断の幅を広げる一方、単位農協の経営健全性と適正な運営の担保には農協法に基づく監査機能が必要と訴えている。「単位農協の自由な経済活動」の追及は、判断を誤った場合には減収などのリスクとなり、経営危機につながる心配がある。少なくとも経営の破綻を防ぐセーフティーネットが用意されていなければ、地域に大きな打撃となる心配がある。

団体の存在がどうして岩盤規制なのか

「農業改革、議論の行方」は、一三年一〇～一二月期の研究会テーマであり、自民党が一三年四月に打ち出した「農業・農村の所得倍増一〇カ年戦略」などを議論した七～九月期のテーマを引き継いだ。農地中間管理機構の創設や米政策の見直しなど現在展開する「四つの改革」について、政府・与党が内容を固めていた時期と重なる。一二月には政府全体の指針とする「農林水産業・地域の活力創造プラン」に改革の内容が反映され、閣議決定されている。

研究会講師は、自民党農業基本政策検討プロジェクトチーム座長を務める衆院議員の宮越光寛氏のほか、政府の規制改革会議専門委員である東京大学大学院教授の本間正義氏、さらに政府の産業競争力会議農業分科会主査や経済同友会の農業改革委員会委員長を務める株式会社ローソン代表取締役ＣＥＯの新浪剛史氏に依頼した（役職は研究会開催当時）。また、日本農業法人協会長で、秋田県北秋田市で大規模水田営農を展開する藤岡茂憲氏には、改革の受け手側の立場から改革をめぐる議論の受け止めや意見を述べてもらった。

特に改革の受け手であり、東京に営業専従者を一人配置して、四〇ヘクタルで生産する米全量を市中相場よりも高く売り切る先進的で自立した経営を展開する藤岡氏の発言は印象に残るものだった。政府・与党が力を入れる飼料用米については、生産振興優先ではなく、しっかり需要をつくらなければ長続きしないと指摘していた。ＪＡグループは一五年産で前年比三倍増となる六〇万トンの目標を掲げて推進するが、一方で財務省の審議会が、財政依存を問題視するなど横やりが入っている。国内の利用可能量を四五〇万トンとする試算を示した農林水産省の姿勢にも問題がある。需要が見込めるとしても飼料用米を青天井で増やせないのは明らかで、予算的な枠組みなどを含め節度を持って進めないと国民の批判を浴びる心配もある。

政府・与党間で十分な意思疎通が図れていないのも今回の改革の特徴と言える。研究会の開催当時にも、規制改革会議や産業競争力会議の急進的な提案に対し、自民党の農林関係議員などが反発し、議論を押し戻す攻防があった。特に農地中間管理機構創設の法制化をめぐって、地域の話し合いで農地の集約方法や担い手を特定する「人・農地プラン」の位置づけが変転した。農林水産省の当初案は、農地の集積・集約には地域合意が必要との認識から「人・農地プラン」を位置づけたものの、規制改革会議などから新規参入を阻害するとの指摘を受けて法案の記述から外された。国会審議の過程で地域農業の混乱を防ぐために位置づけが不可欠とされ、最終的には「人・農地プラン」を位置づける修正が加えられて可決・成立した。

農協改革をめぐる意見の対立も、基本的には同様の構図となっている。安倍晋三首相は中央会組織の現行権限を「岩盤規制」と指摘し、廃止の意思は固いと報じられている。

ただ、従来の農政は、行政と団体の連携体制で進められ、政策の浸透が図られてきた。行政の進め方については検証も反省もなく、団体の存在のみを岩盤規制の象徴とする姿勢は一方的に過ぎるのではないか。

食料・農業・農村基本計画の検討に合わせて

農林水産省は現在、おおむね一〇年を見通した施策の基本的な方針や食料自給率などの目標を定める「食料・農業・農村基本計画」の見直し作業を進めている。約半年間を従来政策の検証にあて、秋以降から主な論点の議論を深めてきた。この一月からは骨子案や原案など新たな枠組みと肉付けの議論を行い、三月には新たな基本計画案をとりまとめる予定だ。

基本計画は、食料・農業・農村基本法に基づいて政府が中長期的に取り組む方針を定めるものと規定され、生産現場など情勢変化の実態も踏まえた総合的な検討の場として政策審議会が設置されている。しかし、政権交代が続く中で、政治が先行して方針を決め、審議会には事後認証を得るような進め方が目立つようになっている。政策の検討、決定のプロセスが見えづらくなっている。

農業・農村の置かれた現実を踏まえれば、従来型の農政改革を踏襲するだけでは、水田営農をはじめとした地域農業の持続性確保が困難になっているのは多くの人が認識しているのではないか。ただ、徹底した規制緩和で民間企業などの参入を促すなど競争力強化の政策を進めれば解決できるような単純で簡単な問題でもないはずだ。

農政改革と地方創生が、所得確保の機会を増やし、地域で暮らす人を増やすことを目指すのであれば、多くのデータの検証と生産現場の実情も踏まえた慎重な議論を重ねた上で、改革の方向や進め方について合意形成を図る必要がある。

現在の政府・与党の状況は、目指す改革の方向が異なり、ばらばらに動いているようにしか見えない。

（しもやま　たかお・農業共済新聞）

自民党が考える農業改革

衆議院議員　宮腰光寛

政権交代をいたして自民党が下野した直後、二〇〇九年一二月にお話をさせていただきました。当時は民主党の基本政策、戸別所得補償制度、あるいは六次産業化についての期待が高かったタイミングだったと思いますが、昨年末に政権交代が起き、私どもは野党時代の三年数カ月の経験と過去政権与党時代の政策の検証をもとに、新たな政策を推し進めようとしています。「自民党が考える農業改革」というテーマで、今回は特に基本政策についてお話をします。

現状認識は皆さんも共通していると思いますが、先ず問題なのは農家の方々の平均年齢が六六歳になり、特に米農家については七〇歳です。一〇年後を考えた時に、当然のこととして農家戸数が減り、担い手が不足してきます。このままでは日本の農業が危険信号になるのではないかという心配をしています。

そこで参議院選挙前には「農業・農村所得倍増目標一〇カ年戦略」を立て、参議院選挙に公約として戦わせて頂きました。これからは、所得倍増という目標を掲げ、実現に向けた地域ごとの自主的な取り組みを強力に支援する仕組みを構築していきたいと考えています。

北海道から九州、沖縄まで、世界でも有数の多様な農業が展開されている国である日本の中にあって、全国一律の農政ではいけないという考え方から、この一〇カ年戦略が作られました。向こう一〇年間の農政の具体的な指針を示すものとしてパンフレットを配りましたが、今日は説明会ではないので、具体的な政策より、基本政策についてお話します。

先ず民主党農政がどうであったかということを話したいと思いますが、基本的に問題があったのは現場を頭の中だけで考えた農政ではなかったかということです。そしてもう一点は、誤った全国一律方式であったことだと思います。

例えば戸別所得補償制度は、まず言葉ありきで、最終的に法制化が出来なかった。これは政治状況にもよりますが、民主党のある議員が、当時の民主党代表の小沢一郎先生に戸別所得補償制度という名称を提案したら、「それは良い」と、名称が中身より先に決まったと聞いています。米政策に関しては、米の固定部分一〇アール当たり一万五、〇〇〇円というのは、先ず金額ありきだったのでしょう。戸別所得補償制度は先ず名前ありき、固定払いは先ず金額ありきであったということです。

当時、農林水産省は、米の戸別所得補償に関しては、一〇アール当たり一万円と言っていました。それが、「もう一声」「もう一声」と、加算に加算を重ねて一万五、〇〇〇円という金額になりました。

生産費に関しては、上下の高い所と低い所を抜いて、真ん中の五年分の平均を出すという計算式です。販売価格については、平成二二年度からモデル実施ということで、その直近三年の一九、二〇、二一年の価格の平均で基準価格を決め、生産費と販売価格の差を補塡することにしました。つまり、実態を反映していないのです。何故なら販売価格と生産費の年度をずらしてあるから、一万五、〇〇〇円の根拠にするための算定式を作った訳です。

それから国の全額負担による変動払いというのは、世界に類のないやり方です。つまり農家の負担はなく、下がった分だけ国が全額払うというやり方は、世界のどこを探してもありません。発動されたのは一年でしたが、この変動部分について約一、三〇〇億円を払うことになりました。つまり変動部分の仕組みそのものが、二二年産米の価格の引き下げに繋がったのではないかと思います。

口蹄疫発生後、民主党政権の対応に問題

問題の第二は政策の迷走です。想定していない事態に対応できなかった。口蹄疫の発生は、平成二二年四月二〇日で、一例目が確認されました。当時、農林部会長を務めてました私の元に、現在、農林水産副大臣を務めている江藤拓先生から「明日一便で宮崎に飛んで来てもらいたい」と話があり、翌二一日に一便で飛んで行きました。一例目の都農町の役場、二例目の川南町の役場、その前

には県庁にも行き、当時の東国原知事とも意見交換しました。

一〇年前に口蹄疫が宮崎県で発生した時、江藤拓先生のお父さんの隆美先生が農林幹部で、農林水産省のほうに一〇〇億円を用意しろと。現場がお金の心配をせず、自らの判断でどんな対策でも講じられるようにしろという指示を出されました。都農町長からその時「現場は農道に至るまで、色々な車が通って口蹄疫が蔓延する可能性のある所は、町の判断で全部消毒をやりました」と。さらに当時は「農林水産省からどんどん指示が流れてきました。しかし、今回は二日目になっても一度も農林水産省から指示が来ていません」というお話を聞きました。幹線道路に九カ所のチェックポイントを作っただけでした。一〇年前に八十数年ぶりに日本で口蹄疫が発生した時、都農町の河野町長さんは役場の職員で、担当課長をしていましたので、記憶に新しいのだと思いますが、「今回は一〇年前と全く違います」とおっしゃいました。

そのうち豚に感染し、そうすると爆発的に広がるということになっていたにもかかわらず、四月三〇日、当時の農林水産大臣はキューバに飛ぶことになりました。私は自民党の先生方と四人ほどで、大臣に会わせてくれと申し入れましたが叶わず、元農林水産省の職員、舟山政務官と会えました。そこで「大臣をこんな時に行かせちゃいかん」と強く申し入れましたが、当時の政務官は「口蹄疫の事務は、自治事務だから」とおっしゃり、つまり最終的な責任は自治体がとる、県の仕事だという理由で、「大臣を行かせない」とは言いませんでした。形式的には自治事務であっても、こういう事態の最後の責任は必ず国がとる。これが日本の政治・行政の姿です。自治事務だという理由で、農林水産大臣は海外に行かれました。最終的に二九万頭の牛・豚が犠牲になりました。

これで私どもは「口蹄疫対策特別措置法」を作る作業に入りました。自民党だけで作った訳ではありませんが、主体は自民党の議論です。実質一週間で衆議院の農林水産委員会で可決しました。衆議院の法制局第四部、ほとんど不眠不休で作業をしました。我々は一日に三回から四回、多いときで五回、毎日議論をし、公明党や当時与党の民主党とも調整をして、口蹄疫対策特別措置法を上げました。蔓延を抑えるためのワクチンを打つ法的根拠が必要だということが、一番の問題で、法律は作ったもののなかなかワクチンが打てなかった。何故か。時の政府が「それならワクチンを打つ予定の牛・豚の補償はいくらか」という単価を提示できなかったからです。これで二～三日遅れました。口蹄疫の対応が二～三日遅れるということは、感染が倍になるということです。その単価の調整、農林水産省と財務省での政治的な決着がつけられなかったことが、その遅れの原因です。結果、感染が拡大しました。

他にも大震災による福島第一原発からのセシウムの問題、あるいは稲ワラを食べた牛の補償問題などでも、なかなか政府は動かなかった。農林水産省と財務省の調整がつけられなかったんですが、役所の能力というよりも、民主党政権の経験不足によるものではないかと思っています。私どもは野党ではあっても、これらの問題について委員会の決議を行い、国会の意思として示すことで、一つ一つ前に進めてきたと自負しています。

民主党の「六次産業化」も、法律が出てきた時に工夫をし、我々が政権与党時代に議員提案で出した地産地消法案と合体して成立をさせました。当然、「六次産業化」というのは法律では使わない言葉ですから、法案の名称や条文から六次産業化という言葉をすべて抜く。合体した地産地消法案についても「地産地消」という言葉はすべて抜く。その上で前文をつけて、その中で同じ回数だけ使っていいということで、両方の成立を図りました。

それからファンド法案ですが、農林漁業成長産業化支援機構法案についても五カ月間議論をして、農林水産政策の中に補助、融資という手法の他に、初めて投資と出資を使う議論をしました。合弁企業を作る農業者の方々が色々な形で食いものにならないように、かつ努力が報われるような大幅修正をかけて、当時の与党・民主党にすべてを飲んでもらって、昨年の通常国会で成立させました。

一本だけ残った法律は、「再生可能エネルギー」の法案です。これも懸念事項がたくさんあったので、民主党政権時代に政府提案で出てきた法案を、プロジェクトチームで議論を重ねた上で大幅修正をかけ、今度は与党として提出しました。名称も「農山漁村における再生可能エネルギー電気の発電の促進に関する法律案」という名前から「農林漁業の発展と調和のとれた再生可能エネルギー電気の発電の促進に関する法律案」に変え、これからの農業・農村のあり方と調和がとれるような仕組みにしたいという意味で修正して提出しました。野党だから、法案の成立に反対をするというようなことは、我々が野党時代には決してやらなかったと自負をしています。

自民党農政の柱になる産業政策と地域政策

ここから自民党農政の二つの柱である産業政策と地域政策についてお話をします。

政府に「農林水産業・地域の活力創造本部」を設置しています。同じ名前の組織は自民党の中にも設置され、政府側の本部長は安倍総理、党側の本部長は石破幹事長です。農林水産業の活力創造は産業政策の部分です。地域の活力創造は地域政策という意味です。「農業・農村所得倍増目標一〇カ年戦略」という名称のうち、農業の部分は産業政策、農村の部分は地域政策という意味です。

ＴＰＰ交渉で、三月一三日に党の決議をまとめる前、農林関係の議員と安倍総理と会食をしまして、一人ひとり自分の考え方を申し上げました。私からは「自民党の農政の基本は二つで、一つは産業政策、担い手をしっかり作っていかなければいけない。もう一つは地域政策で地域が豊かになって、地域をしっかり守っていけるようにしなければいけない。これが自民党農政の二つの柱です」と申し上げたところ、安倍総理はいちいちコメントはありませんでしたが、首をタテに振っていました。その後総理は、至る所で、息を飲むほど美しい日本の農村風景をしっかり守っていく、という決意を常々おっしゃっています。産業政策一本やりが自民党の政策ではないということを、十分に理解していただいていると思います。

これまでの取り組みとしては、平成二二年の六月に多面的機能直接支払法案を国会に提出しました。政権交代の翌年の六月です。当然、ＴＰＰの話がまだ一切出ていなかったタイミングです。そして、山田俊男先生が中心になって、担い手総合支援案を二三年六月に産業政策としてまとめて国会に提出しました。多面的機能直接支払い法案は二〇一四年の通常国会で提出予定です。担い手総合支援法案の中に農地集積、あるいは新規就農支援については、この臨時国会で農地中間管理機構関連二法案の中に盛り込んで提出する予定です。

経営安定対策には、来年の通常国会で担い手経営安定法を改正する方向で議論をしています。二つの基本政策の一つは、多面的機能直接支払い。農業・農村が果たしている多面的機能、洪水調節などの国土保全機能、水源かん養、景観保全、集落機能維持と、それによる地域の伝統文化や伝統行事を守っていくという機能です。これは食料・農業・農村基本法にも明確にうたわれています。日本学術会議の報告によれば、数字で表せる部分で年間約八兆四、〇〇〇億円、そしてそれ以外の数字で表せない機能も多くあります。

ＥＵの「直接支払い」は考え方として、農地が多面的機能を発揮していることに着目をし、そこで農地が公共財としての性格を持っているということを支払いの理由に挙げています。耕作放棄地にすることなく、農地を農地として利用することによって、その場所で多面的機能が果たされているということから、水田、畑地、草地等の機能に応じた支払いを行うのが基本的な考え方です。具体的には、農地を農地として維持するための基本的なコスト、および集落機能を維持するためのコストに着目した支払い行うことになっております。

このコストがいかほどかということについては、平成二五年度の当初予算で調査費を計上して、大掛かりな調査をやっており、来月には大まかな結果が出される見込みです。それに加え、既存の直接支払いの仕組み、中山間地域等直接支払い、あるいは農地・水保全管理事業、環境直接支払いについてはそれぞれの仕組みを整理した上で、多面的機能直接支払法案の中で法制化をする方法で検討しています。

農地の中間管理機構は、産業政策として考えてきたものです。いわゆる農地集積バンクです。農地集積、あるいは一部耕作放棄地対策として、究極の手段ではないかと考えています。これは決して現場から離れた感覚ではなく、農業現場の声に応えるために検討してきたものです。静岡県小笠郡大東町に「大東農産」という法人があります。これは農地集積の一つのモデルですが、全国でも先進的な取り組みが行われている所では、担い手同士の利用権設定の交換が既に行われている地域があります。私の選挙区の中で、富山県入善町では農業公社が中に入り、担い手が借りている農地をそれぞれの近い方に面的集積を進めていく形で割り振るといった農地の利用権の交換が既に行われ、効率化を図っています。

いくら大規模化をしても集積が出来なければコスト的に厳しく、さらなる面積拡大は不可能なことから、農業の現場に公的機関を中に入れ、農地の出し手から農地を借りて法的機関が一定の集積をして、農地の借り手に貸し出すという仕組みを作ってほしいという声に応えて制度設計をしたものです。決して民間企業が農業参入しやすいように制度設計をしたという訳では毛頭ありません。ただし、参入がしやすくなることは当然あります。これは究極の手段と言えるでしょう。公的機関が農地の出し手から借り上げて、利用権の設定をし、それらを集積した上で借り手に貸し出す。公的機関が介在するというのが肝の部分です。

水田をフル活用できるビジョンづくり

平成二一年の農地法の抜本改正で、農地利用集積円滑化団体という仕組みを作りました。委任代理という形で、一発の手続きで出し手から借り手に利用権設定が出来るという仕組みです。この円滑化団体は公的機関ではありません。公的機関が中に入って、出し手から借りる、つまり出し手の皆さんにとっては、利用権設定の契約期間終了後、申し出をすれば返ってくることが前提ですから、それについては、公的機関でなければそういう信用は得られないということです。

産業競争力会議では、借り手の論理で借りやすくしてほしいと言われています。しかし、借り手の立場ばかりでものを言っていると、出し手は出しにくくなるのが実態です。出し手が公的機関を信頼して、農地を出してくれなければ集積はうまくいきません。そういう方々が快く出してくれるような仕組みに出来るかどうか、これが実際に現場で機能するのか、そこが鍵だと思っています。農業委員会などの関与も必要です。人の力が原点、農地の出し手は話し合いでしか気持ちよく出してくれませんので、現場が機能することが第一だと思っています。

この仕組みを検討の時、農業団体からも色々な要請あり、自分達はどういう位置付けなのかという声が多くありました。私からは、この中間管理機構はこういう理由で農地集積の究極の手段と考えているので、団体の立場からの主張ばかりでは決してうまくいかない、現場で機能するかどうかの問題であるとお話ししました。そういった形で法案はなっていると思います。

今、議論を進めている経営安定対策の問題については、先日、自民党の農林部会、農林水産戦略調査会、農業基本政策ＰＴの合同会議で議論をスタートし、そこで課題や論点を示しました。明日の二回目の合同会議で、さらに深掘りをした議論を進める予定です。政権交代以降、合同会議、ＰＴを合わせると明日で一七回目です。特に多面的機能については相当議論やヒアリングをしてきました。現状と課題、明日は論点を検証して議論を進めます。一一月中に開催される政府の活力創造本部の本部会合までに結論を出す予定です。

我々は、先に政権にあった時も色々な議論をしました。今の農業が抱えている状況、例えば米の生産調整です。人口の減少、一人当たりの一年間の米の消費量が一時は一二〇キログラムありましたが、今や六〇キログラムを割っている状況の中で、主食用米については当然のこととして生産量は減らさなくてはいけない。しかし、水田を水田として活用していくために様々な手立てを講じてまいりました。平成二〇年、二一年の補正予算などで米粉用米や飼料用米の生産拡大を図ってきました。現に平成一九年～二四年の五年間ついては、水田における水稲の作付面積、主食用米や加工用米、その他新規需要米を含めるとほぼ一六四万ヘクタルで、面積自体はほとんど変わっていません。

　水田の中には湿地帯も多くありますし、転作をする時は一定の基盤整備のやり直しをしないと、他の物が作れません。中山間地域に行けば行くほど、整備されている水田では米以外の物もなかなか作れません。棚田の風景に小麦や大豆は似合わず、やはり稲作でないと景観もよくありません。水田として水稲を植えることも含めた方針をもって、水田をフル活用できるようなビジョンを示していく必要があると思っています。

　資料にはその他にもいろいろ書かれていますので、ぜひお読みください。

（みやこし　みつひろ）

〈質　疑〉

――政府の活力創造プランの目標に向け、経営所得安定対策の見直し、日本型直接支払いなどが取りまとめられると思います。それに合わせて、減反、生産調整の見直しも取りをまとめがなされています。一一月末に支援の枠組みの見直しなどが決定し、それを現場に下ろすまで、作業的に大変ではないでしょうか。その辺はどうお考えでしょうか。

宮腰　日程的に色々と集中するのはその通りです。米の作付けについては、余剰が六〇万トン近く出ると見込まれており、その分をどう来年の生産目標数量に織り込んでいくかが大きな課題です。六〇万トンは極めて大きな数字であり、我が富山県は全体で約二〇万トンの米を生産しています。北陸三県の合計を上回る程度の生産数量目標の減少は、それは無理な話ですので、例えば民間主導で過剰米を買い上げ処理することも検討中です。

産業競争力会議でストップをかけられる可能性があるため、具体的には申し上げませんが、そういう仕組みを活用した需給調整とセットで、出来る限り生産目標数量の削減を目指すことを検討中です。我々はもう減反という言葉は使っていません。ルール違反に対してペナルティを課していた時代は減反と言っていましたが、今は、ペナルティは全くないので、生産調整という言葉を使っています。

――現場に政策見直し等の枠組みを下ろしていくことについては、いかがお考えでしょうか。

宮腰　法律に基づき、中間管理機構については今度の臨時国会で成立したいと思っています。多面的機能直接支払い法案は最終的な法律としてまだ詰めておりませんが、例えば、担い手経営安定法案、いわゆる昔の品目横断の仕組みの改正も併せてやることになれば、周知期間を含め、法律に基づいて行うのは平成二七年度からです。その間の一年は激変緩和なども含めて、予算措置で行うと思います。しかし当然のこととして、法案の内容に沿った予算措置です。

――ＴＰＰとの関連で、社会政策的な領域には一定の例外を設けるということですが、規制は内外調和が基本になって進められていて、不適合措置のリストを提出できるのは、投資の章の四項目、サービスの章、金融サービスの章、この三つの章の留保リストの提出は現在進行形だと聞いています。そうすると極端に言えば、農地保有の外国資本の問題などに対し、将来も見据えて例外措置の議論をして提出しないと留保リストに載せられない、次はＩＳＤＳという可能性もあります。

農地保有の問題や金融サービスの内外の不適合、補償措置、出資の主体など色々な問題が考えられますが、これらの問題が議論されているのか、交渉部署と政策作りの部署との連携がとられているのか、その辺を懸念しています。

宮腰　具体的なことは言えませんが、事務レベルの決着については、議論というよりも報告の形だと思います。議論になれば問題のある分野だと思いますし、私は直接聞いておりませんが、今おっしゃっている分野は、大体まとまっているのではないかと思います。

アメリカとの二国間並行交渉も第三回が終わりました。新聞等にも出ていましたが、自動車関係は難しい問題があり、それ以外は実務的に相当詰まってきていると聞いております。

ＩＳＤＳについては国会決議で濫訴防止策等を含まないようなＩＳＤＳ条項には合意しないとしてありますし、いつでも何でも提訴できるようなやり方に歯止めをかけたものです。

常識的に日本は投資条約などにもほぼ参加しておりますし、今回の国会でも複数の国との投資協定が承認事項として提出されていますので、一般的な投資協定の内容であれば、問題はありません。ただし、濫訴防止策などはきちんと位置付けておくべきだと思っております。これは少し専門的なので、私の答えは不正確かもしれません。

――二五年産米が来年六月末で約六〇万トン過剰ということで、二六年の生産数量目標に関する対策を検討されていると思います。これまでとは違う考え方で二六年産の生産数量目標を決める場合、前年に比べて在庫が六〇万トン多いから、生産数量目標を減らすということになると、六月末の民間在庫の適正水準のようなものが必要になると思いますが、その辺についてはいかがでしょう。

宮腰　来年の六月末ですから、適正な在庫水準の見通しについては、これからの議論です。例えば二五年産米を政府以外で買い上げて、そのお米を政府米として買うのも一つの方法です。そしてエサ米として、政府の備蓄米のうちの一部を払い下げるという形も考えられます。

備蓄米の水準との問題もあり、具体的な量については現時点ではまだ結論は出ていません。このからみで二五年産の余剰米と見込まれる分をどうするかについて、六月の在庫量の見通しなども変わってくると思います。生産目標数量がどうなるかということは、それらとセットで考える必要があります。来年の配分の仕方は、基本的にはこれまでと同様の考え方になります。

――自民党は生産数量目標の設定を本気でやめるのか、または、産業競争力会議が出てきたために致し方なく考えているのか、自民党としての方針を率直にお聞かせください。

宮腰　基本的にはそれぞれの農家や法人の皆さん方が一定の経営判断のもとに主食用米を作るか、あるいはそれ以外を作るか、実質的な選択制になっています。一〇アール一万五、〇〇〇円の米の直接支払い交付金は生産調整への参加が要件です。その一万五、〇〇〇円について見直しをかけるというのが、我が党の公約でもあります。外国との生産条件の不利性に着目した直接支払いではなく、生産費と販売価格の差を補てんするという国内的な感覚でやっているものです。これを削減し、最終的に廃止する考え方のため、しからば生産調整との関係が出てきます。

これまでも選択制でしたが、経営判断で行っていただくという意味では、選択制は維持されます。誰でもいくらでも作っていいということになると、当然、米価が下落しますので、そうならない仕組みでやる必要があると思っています。具体的にどうするかというのは検討中ですが、国が数量を配分するということについては、政策との整合性があるため難しいと思います。ちゃんと現場で機能するような仕組みを検討中です。

―― 富山県は米の生産量二〇万トン、平均年齢は約七〇歳。米単作地帯のようですが、富山県の未来の農業はどうなるとお考えですか。

宮腰　私が農林水産副大臣の頃、沖縄県のサトウキビ生産が落ち込んでいた時、サトウキビ増産プロジェクトを立ち上げ、上限なしの増産ということで、当時の中川昭一大臣に了解をもらいました。その時の現地説明会で、サトウキビだけに頼らない沖縄農業のためには、サトウキビの生産を安定させるのが一番大事だと申し上げました。サトウキビの生産を安定させた上で、他の物も一生懸命作る農業にしたいという話をしました。

基本的には米だけに頼らない富山県の農業、日本の農業。しかし米の生産をしっかりしないと、水田が維持できませんので、先ずは米をしっかり生産する。そのことを踏まえた上でそれ以外の物もしっかり作っていくというのが、これからの姿ではないでしょうか。米二〇万トンの生産は、用途は主食用米に限りません。主食用米以外の物を作っても、同等の所得を得られることを前提にして水稲作付面積を維持していく。それプラスお米以外の物も作ることが基本だと、私は思っています。

――自民党人事では、経済産業省出身者を農林部会長に据えられましたが、今までは農林族を中心に担っていた自民党農政を元通商産業省官僚に奪われた格好です。これまで岩盤規制であった米政策に対して、本格的にメスを入れるつもりでしょうか。石破さんの時代も減反廃止と言って政権交代になりましたが、本気でそれをやるのでしょうか。

宮腰　人事は私が決めた訳ではありませんが、斎藤部会長はバランスの取れた良識あるいい政治家だと思っております。

――ＴＰＰも含め、農政の大変な転換期にあると思います。四四年続いた減反政策もここにきて大幅に衣替えしなければならない。例えば、四ヘクタール以上に絞る選別農政の方向に舵を切るのでしょうか。

宮腰　最近の新聞で経営安定対策だとか、生産調整の問題が連日大きく取り上げられておりますが、正しい記事はほとんどありません。打ち上げ花火のようなものです。例えば、畑作の「ゲタ」とか、水田・畑作の「ナラシ」などについて対象を絞り込むと書かれておりますが、それは違います。報道で出ているような方向では考えていません。

――生産調整の見直しのイメージが分かりづらいのですが。今は国側で生産数量目標を作り、それを地方に当てはめていく方法を取っていると思いますが、その生産数量目標をやめるのか、それとも作目によって補助金をつけることでバランスを取るのか。その辺りの需要と供給のバランスについて、先生のお考えをお聞かせください。

宮腰　需給バランスは何でとるか。これまでは生産調整、あるいは備蓄米の制度も役割を果たしてきたと思います。例えば加工用米、低価格帯の米が不足した去年、今年と、一部政府の備蓄米から放出をしたことがありました。政府の備蓄米というのは、最後は需給調整の機能を持っています。仮に棚上げ備蓄であっても、完全に棚上げにはなっていないし、またそうしてはいけないと思っています。生産調整はもちろん需給バランスをとるということですが、当然価格の問題もあります。例えば去年は、大幅に米が上がりました。今年はその分、下がっています。果たしてこれが流通業界にとっても本当にいいことなのか。大幅な価格変動は決していいことではないので、一定の節度ある生産調整は必要ではないでしょうか。

そもそも農作物ですから、天候の影響を受けやすい。最近は技術も良くなり、気候変動の影響もあって、北海道辺りが作柄も良いということになってきました。昔みたいなことはないにしろ、米不足で大騒ぎになり、輸入米を探す時もある訳です。そういうことへの備えとして米を生産することは大事ですが、主食用米だけ作ることは難しい時代に入ったと思います。主食用米としての需給量は、毎年確実に落ち込みます。落ち込みの程度については、その年の米価の問題もありますから、大きくなる年もあれば、そうでもない年もあります。そういう中で水田をしっかり維持していくことは、食料安全保障のためにも必要なことですから、主食用米以外の物を作る生産調整も当然考える必要があると思います。

私の出身地の富山県は、過去四十数年、一度たりとも生産調整のルールを破ったことがありません。富山県民は、ルールを守って真面目に働くのが誇りです。佐賀県も一度たりともルールを破ったことがない県です。九州ですから、米以外の輪作体系もしっかり作っています。平場の低平地の所でクリーク水路をやって、ポンプアップで排水をして、ポンプ場単位で輪作体系を行い、そこで大豆も全国二位か三位の生産をしています。タマネギも相当頑張っています。低平地でポンプアップしながらでも米以外の物をちゃんと作っている。大豆も、二五〇～三〇〇キログラム近い単収を上げるなど、条件の不利な所ほど頑張っています。

例えば石川県の河北潟は干拓地です。あそこもポンプアップで排水をしています。国営事業でやった所ですが、私は二回ほど行って来ました。もちろん条件の良い所もあれば本当に排水が大変な所もあります。そこも含めて、あの河北潟でも大豆の単収は約二九五キログラムです。ちゃんと作っているからだと思います。一五〇キログラムだという話を聞くと、私どもは泣きたくなります。せめて二〇〇キログラムぐらいは取ってもらいたい。そういう意欲が湧くような、インセンティブが働くような仕組みにしていかなくてはいけないのではないか。米以外の物は作れないというのは、ちょっと違うのではないかと思っております。

――国が生産数量目標を掲げるけれども、それを強制、もしくは補助金の要件にしないということでしょうか。

宮腰　これまでより細やかな需給見通しや地域別の情報などを提供し、地域で機能する仕組みを作っていきます。

――　産業競争力会議で言う生産調整見直しというのは、生産調整をやめて、皆が米を作れるようになって、米の値段を安くして、これを競争力強化にして海外にも輸出していく。要するに価格を下げるという考え方ですよね。

宮腰　それは現状認識に間違いがあると思います。安くすれば皆幸せになる、強い所だけが生き残れるというのは、そうではありません。米の価格が下がれば下がるほど、大規模でやっている所の経営にこそ一番大きな影響が出ます。何故そんな簡単なことが理解できないのか。理解に苦しみます。五反や一町でやっている所は、米の値段が下がっても、他の収入もあるので大きな影響が出ません。例えば一万五、〇〇〇円が一万円だったら、そこで補助金を出せばいいという議論もない訳です。本当に困るのは、大きく経営をやっている方々が一番ダメージを被るのです。

そこで輸出に回したとしても、いくらで売るのでしょう。米は春先に蒔いた種が、秋の収穫時に約一六〇～一七〇粒になります。同じ品種の物であれば、翌年には二万五、六〇〇粒になり、その翌年は四〇〇万粒になります。そういうありがたい主食なのです。民主党政権時代に中国ビジネスという協議会を作って、その窓口を通じれば検疫なしで輸出が出来るという謳い文句でありましたが、結局、米を持って行っても焼却処分になりました。甘くありません。動植物検疫は国家の権力そのものなんです。

この前も衆議院の農林水産委員会でベトナム、マレーシア、インドネシアに行って来ました。主に輸出の象徴として今ストップされている牛肉について、早く開けてもらいたいと言ってきましたが、なかなかいい返事をしません。インドネシアでは貿易大臣と検疫庁の長官が「ＢＳＥはこの前、ＯＩＥの清浄国認定がありましたよね。しかし口蹄疫はまだ出ていないじゃないですか」と言い張るものですから、「おかしい」と言って、担当の室長にすぐに何月何日に口蹄疫の清浄国認定が出たかと聞き、二〇一一年の二月四日にＯＩＥから清浄国認定が出ていると言いましたら、その時点で「それはおめでとう」と言われたのですが、清浄国認定をもらっていることが伝わっていないのです。

例えば、美味しいお米を作ったとしても、それが安いとしても、中国を見てください。奄美のカツオブシムシを理由に、日本の米の輸入を認めない。実際、奄美でほとんどお米は作っていないんです。他の国々もほとんどそうです。美味しい物を作って、安いからといって、直ちに輸入を認めるような国は一つもありません。理由もなしにストップします。

例えば、インドネシアに今年進出したばかりのおにぎりの店は売れ行き好調でした。しかし何故か、日本からの海苔の輸入を止められてしまった。日本の海苔がなければおにぎりは売れない。そういう世界なので、日本から輸出すればいいじゃないかという発想は簡単すぎます。

工業製品と違って、検疫は国家権力です。関税率の勝負ではなく検疫で勝負します。そういうことが全く分かっていない議論だと思います。どんな理由でもつけてきます。例えば、被災地県からの魚の輸入を韓国がストップしました。こういうことはいくらでもあり得ます。ですから米の値段を大幅に引き下げて、生き残る所だけ生き残らせて、そこで輸出に回せばいいなどというのは、そもそも入口の議論として成り立ちません。

――収入保険についてですが、需給バランスが予想と違って価格が低下しても、最後は収入保険で補償してくれるからいいというモラルハザード的なことが起こらないようにするために、何かお考えがあるのでしょうか。もう一つは、主食用米以外の米を利用するという方針が出ていますが、飼料用米も米粉も需要が減っている中で、これを増やしていくための方策があるのでしょうか。

宮腰　収入保険については、価格と気候の影響による収量を掛け合わせた保険です。例えば収量が上がって、価格が安くなることもあり得ます。価格だけの問題ではないので、経営全体に着目して支払うことが基本です。

もちろんモラルハザードを防ぐ仕組みは作っておく必要があります。過去の自民党政権の時、ＥＵのやり方を引き写し、過去実績を重視した時代がありました。結局何が起きたか。物を作らなくても過去実績によって、その農地ではお金がつく。あるいは別の物を作っても過去の分のお金がつく。ですから生産拡大には、つながらなかったことがあります。

これについては数量払いを中心にした今の仕組みのほうがいいと思います。過去の自民党が行った「何も作らなくても、過去実績があれば交付金がついてくる」というやり方は誤りでした。あれはＥＵがＷＴＯのルールをクリアするために編み出した理屈だったと思っております。日本は自給率が低いのに、それを我々自民党が、引き写しにしたのは誤りでした。やはり生産拡大の方向で仕組みを変えていかなければいけないと思っております。

主食用米、飼料用米、米粉用米、それぞれ需要が増えていないことについて、米粉用米はさすがになかなか難しいと思います。一方で輸入小麦粉があり、用途によっては使えないという部分もありますので、この米粉米を一時のブームで終わらせるのではなく、ちゃんと安定して利用できるようにするためには、もっと工夫がいると思います。

飼料用米については、今四十数万㌧くらいまできているのではないでしょうか。地産地消でやっている部分がまだ少なく、餌メーカーに行っているというのが、現状は八割程度だと思います。どちらにしても、流通ルートをしっかり確保しなければいけません、特に飼料ということで豚、鶏などで、もっと使ってもらえるような仕組みを講じる必要があります。

このエサ米を流通させるためには、主食用米とは違う専用種も普及していかなくてはいけないということですから、そのためには乾燥調整施設を別にするということも必要になります。それらも含めてトータルパッケージで、この飼料用米の生産が伸び、そして消費の段階に至るまで計画的に増やしていかなければいけないと思っています。

今度、養豚振興法を議員提案で臨時国会に提出をする方向で詰めている最中ですが、養豚業界の皆さんも、米については極めて前向きに考えていただいております。その基本的な方針と、計画的にどこまで生産していくのかということも、養豚業界、あるいは養鶏・鶏卵の皆さんにもしっかりお示しできて、そこで一体となって事業の拡大に取り組んでいく必要があると思っています。

――輸出を拡大していきたい。そしてその基地になるような所をご検討中という話を聞きましたが、そこら辺は先ほど宮腰先生がおっしゃられたような極めて実質的な部分を含めて検討されているのか、お聞かせください。

宮腰　輸出拡大については、これからまず一兆円を目指す。今、四、〇〇〇億円程度まで戻ってきていますが、一兆円を目指すため、きめ細かな品目別・国別の戦略をとる必要があるということでやっております。

例えばワインの関税。酒類の関税をどうするかという話が出ています。仮にワインの関税を下げれば、国内のワインには影響が出ると思います。一方で、日本酒の輸出にはいい影響が出ると思います。ワインの国内生産は伸びていますが、日本酒の国内生産はしぼむ一方です。世界の無形文化遺産に「日本の食」が登録間違いなしというところまで来ているので、これとセットで輸出を拡大したいという話になっています。仮にそういうことになれば、関税はお互いにですから、こちらが高くてあちらが安いという訳にはいきません、逆でもよくありませんので、こうなれば日本酒の輸出にとっては、大きなチャンスに十分なり得ると思います。

ワンストップでＣＩＱ（税関・出入国管理・検疫）が出来るような仕組み。例えば大田市場で買いつけた物が、ワンストップでＣＩＱの手続きを終え、飛行機で羽田から運ぶことも十分可能だと思いますし、沖縄は今でもそういう機能を目指して、那覇空港の整備がなされています。大きな国際空港がある所では十分可能だと思います。北海道も可能です。

日本が輸入している花は、中国からの輸入が多いと思いますが、実はベネズエラからもカーネーションを大量に輸入しています。冷温での運送をしているからです。そういうことをきちんとやれば、日本の輸出も相当増えるのではないか。花の種類は、日本はこれまでの努力で何十もの種類を持っている国ですから、売り方を工夫すればいくらでも売れる可能性があります。

花についても、花き振興法という法律を来年の通常国会に提出することになっています。それは法律を出すこと自体が目的ではなく、そういう方々にしっかり頑張ってもらうための後押しという趣旨で検討中です。

―― 経営所得安定対策の見直しのスケジュールが一一月末です。林大臣も二六年度予算に反映させるとおっしゃっています。具体的なことは別としても、二六年産米から予算措置として適用していくことになるのか、確認させてください。

宮腰 基本的には二六年産からスタートします。法律の裏付けをもって、全体の仕組みを行っていくのは二七年度からですが、一年間は法改正の方向に沿った形で予算措置として実施していくことになると思います。

―― そうすると、今までの一万五、〇〇〇円がインセンティブになっていたということがあると思いますので、一一月末に生産数量目標をある程度削減したとしても、二六年産米が過剰になる懸念もあるのではないでしょうか。その辺の生産調整の絡みと、経営所得安定対策の見直しの整合性は、今後どう詰めていくのでしょうか。

宮腰 生産調整、目標数量の配分というのは、今年の作柄、在庫の問題、急激な影響緩和なども頭に入れて数字を固める必要があると思います。備蓄米の問題などもありますから、この辺はトータルパッケージで対策を講じた上で、全体として需給の安定に結びつくようにしなければいけないと思います。米については複雑なので、単品政策では厳しくなりすぎる部分もありますから、そこはトータルで考えないといけないと思います。

――農業の多面的機能直接支払い法案についてお聞きします。民主党の戸別所得補償制度の時には、それほどクロスコンプライアンスは注目されず、誰でもクリアしていた部分があると思います。今回の日本型直接支払い法案の中では、特に環境と調和の取れた農業をどれぐらいクロスコンプライアンスの部分で明確にしていかれるのか。その内容のイメージなどがあれば教えて下さい。

宮腰　今、有機農業推進法に基づいて作った基本方針をちょうど見直し中です。目標として、有機農業に取り組んでいる面積を、現行の全体面積の〇・五％から一％にすることを考えています。

その時の環境直接支払いの対象については、民主党時代、農地・水・環境保全向上対策の環境直接支払いの部分を切り離した仕組みにしました。農地・水・環境保全管理については共同作業が前提ですが、例えば有機、あるいは環境保全型農業については一団の固まった農地にはなっていないということです。これを一団の農地や集落の共同活動の中に含めると、対象にならない農地が多いということで、これを切り出して一つの仕組みにしました。これは正解だと思っています。

それについての要件をどうするかというのは、これから議論をしていく必要があります。環境に優しい農業であっても、出来るだけ地域全体で取り組む。埼玉県の小川町のような取り組みを広めていく方向で制度設計をするべきではないか。もちろん個別に立派な有機農業をやっている方もいらっしゃるので、そこを外すということではありませんが、出来るだけ地域全体で環境保全型農業に取り組んでいただくことを支援する方向で考えていきたいと思います。

（二〇一三・一〇・三〇）

今の日本農業の何が問題か

東京大学大学院教授　本間正義

今日話させていただく内容について、まず少しご説明をさせていただきたいと思います。規制改革会議の取りまとめ案につきましては、今公表の時期を待っているところですので、今回はお持ち出来ませんでしたが、講演ではほとんど喋ってしまうと思います。今回は中間報告ですので、何を議論して、どういう方向に向かうかということをご案内する形になりますが、本格的な議論については年を越した二〇一四年一月から始まる予定です。現在のところは、安倍総理の農林水産業・地域の活力創造本部に向けて、インプットをするという段階に過ぎません。

つまり、農協問題、農業委員会、農地法については、それぞれ一～二回、公式の場でヒアリングをしたということに過ぎない訳です。ですから、もちろん、一回や二回のヒアリングで何か結論を出して提案するというようなことはありません。もっと時間をかけて、地方に出て行って話を聞くということもプランとしてはありますので、それらを踏まえて具体的な提言をやっていく考えです。

産業競争力会議や規制改革会議など、色々なところで議論されていますが、私の印象としては、アベノミクスの中に農業改革あるいは農業の成長戦略が盛り込まれているというのが、これまでと非常に違うところです。もちろん農業政策を担っているのは農林水産省ですけれども、やはり官邸主導で、色々なことが動いていることが大きいと思います。

私は一九九五年からこの仕事をしていますが、今回は色々なところで議論をして、最後に官邸でそれを取りまとめる方式であるため動きやすく、あるいは政策が変わりやすいという印象を持っています。アベノミクスは、菅官房長官の意向が農業についても反映されると思います。自民党のほうも齋藤健さんが農林部会長ということもあり、これまでの自民党農政とは違っています。これまでの規制改革、あるいは農政改革の中で一番流れの勢いが強いと感じます。それに対する抵抗も、当然、これからまだまだ出てくると思います。

減反に関しては、あまり変わらないだろうというのが私の印象です。つまり米価が、下がることもなければ、いわゆる減反が後退していくことも考えにくいと思っております。いずれにしても、形の上では矢継ぎ早に農政が改革方向に向かっているということは事実でありまして、その辺りは個人的には歓迎しています。

以上、前置きが長くなりましたが、こうした前提を少し心にとめて話を聞いていただければと思います。

攻めの農林水産業とはどのようなものか

農政は現在、アベノミクスに基づく「攻めの農林水産業」を推進しています。しかし農林水産業の輸出は、水産物や加工品が非常に多く、いわゆる生の農産物や牛肉など、素材としての農産物は六〇〇〇億円くらいしかありません。五、〇〇〇億円を一兆円に膨らませるといっても、数合わせに終始してしまう恐れがあるのではないかと懸念しております。

六次産業化については、大きな取り組みとして進めているのは大変結構です。しかし、いわゆるファンドの使い勝手として、二五％は農業者が持たなくてはいけないという制約があり、使いにくいと言われています。

農地集積バンクは、規制改革会議の九月と一〇月頭までの議論はまさにこれに終始しました。『人・農地プラン』をどうするのか」、「法制化は駄目だ」という答申を出し、今審議されているところです。これも、本当に有効活用されるのかどうか注視していく必要があります。

農業の所得倍増について、これも誰の所得の倍増なのかという議論があります。いずれにせよ、こうしたことを含めてアベノミクスの看板を掲げている訳ですから、ぜひ推進していってほしいところです。

「規制改革会議農業ワーキンググループ（以下、ＷＧ）検討事項例」に挙げている、農地の信託事業の民間開放や農業生産法人の要件緩和等々は論点例であり、これ以外にも色々なことを取り上げていきます。論点例を出すと、こういうことを議論するのだと固まってしまう印象がありますが、個人的にはそういう考えはありません。ＷＧでは九月一〇日に農地中間管理機構についての議論があり、九月一九日に規制改革会議の本会議で取りまとめられました。農業が議題になる時は、本会議にも専門員全員が出席しております。この他、規制改革会議本体の議論にも参加しています。その後一〇月一日から農業委員会の在り方について議論を始め、一〇月一五日には農業生産法人の要件緩和、農地の信託事業、そして、改正農地法の附則に規定された事項の検討状況もヒアリングを行っています。

第四回は農業協同組合の在り方ということで、大潟村あきたこまち生産協会の涌井代表と宮城大学の大泉一貫教授に話を聞き、その後、農林水産省からもヒアリングをしました。一一月に入り、農業委員会の在り方について農業会議所から、それから農協の在り方について全国農業協同組合中央会、全国農業協同組合連合会からヒアリングをしました。

第六回は信用保証制度、農家レストランについて、国家戦略特区で上がってきたものを議論しました。国家戦略特区は特定の地域からの要望ですが、それを全国展開する気はないのかヒアリングをし、トップで上がってきたものは全国展開する必要があるのではないかという議論をして、取りまとめました。取りまとめた項目は、農業委員会、農業生産法人、農協の三つについてであり、二ページほどの文章になっています。これは近々公表されると思います。ただし、その三点にとどまる話ではありません。まだ具体的な案は何も出ておりませんが、それ以外の農業団体についても含めて今後も議論していく予定です。本格的な議論は二〇一四年一月以降です。

以上が規制改革会議の専門員としての話で、ここからは私の個人の意見ということで農地・農業委員会・農協と三つのお話をします。

農地制度、農業生産法人制度はどうあるべきか

まず日本の農地制度のおさらいをします。農地改革の成果を守るために作られたのが農地法であり、自作農主義、そして封建的地主制の復活を阻止するという意味で大部分が自作農になった訳ですが、残された小作権については強く保護する、ということが農地法の中で規定されています。当時としては、小作が増えることをあまり考えていなかったのだと思いますが、法律としては非常に強い小作権を持たせています。農地法改正後は、法人による所有は農業生産法人に限るという厳しい規定です。法人とはいえ、主たる意思決定者は農家であるという枠をはめているということです。

一九七〇年以降は借地が必要だということになり、自作農主義から借地主義へ変わってきました。しかし借地といっても、外からの参入ということではなく、いわば農業内部の、広い意味で農家フ

ァミリーの中での賃貸借ということは変わりませんでした。借地の場合でも農地流動化そのものは農家に任せるという形で、官による調整で、農地保有合理化事業がスタートし、これが農地中間管理機構に形を変えています。農地集積円滑化事業も行われていますが、これは基本的に農協主導です。農地利用の株式会社によるリースは二〇〇九年に解禁されました。悩ましいのは、転用規制を強化したとはいえ、農地法の枠では限界があり、税制による誘導がなければ、転用目的の農地の保有コストは低いままです。そこはもう農地法、農振法だけの問題ではないということです。

次に農業生産法人制度ですが、これを規制改革会議でも問題視しています。法人形態要件は株式会社が認められていますが、株式の譲渡制限等があります。議論の対象の一つは事業要件で、主たる事業が農業であることが要件です。六次産業化などで加工や流通も含めた事業展開を推進していく中で、この要件は見直す必要があるのではないかという議論は出ております。

一番大きいのは構成員要件で、農業関係者が総議決権の四分の三以上を占めます。加工業者等は二分の一未満ということで、法人とはいえ実質的な経営は農業者がする会社ということになります。構成員要件の中で問題なのは、出資比率もそうですが、一般の人は出資が出来ない仕組みです。例えば友人や家族が出資するということが、今は出来ない訳です。比率の問題もありますけれども、出資者を限定しているというところが見直しの対象として上がってくると思います。

役員要件も緩める方向にあります。役員の過半が農業常時従業者で、なおかつ農業従事者たる役員の過半は農作業に従事しなければならないということで、これは農業生産法人そのものが六次産業化を果たしていく中で大きな制約条件です。この農業生産法人制度が出来た頃、あるいは改正された頃に比べて、農業はもっと広がりを持った産業になって来ているということを考えると、農業生産法人の位置づけを見直す必要があると思います。ここの規制を緩める議論は進んでいくと思います。

規制改革会議で議論されていることとして、農林水産省は基本的に規制官庁ではなく、減反の例に見られるように補助金官庁です。農協が農林水産省の政策のいわば実施機関となっているというのは、補助金で誘導しているからです。その補助金の議論をしない限り、規制改革会議から本格的な農業改革の提案は出せないという見方もあります。今回の中間報告にはもちろん載りませんが、「そこを議論しようよ」という話もあります。しかし、この農業生産法人や農地法というのはまさしく規制ですので、改革のターゲットとしては議論がしやすいと思います。

農業委員会の果たすべき役割とはなにか

次に農業委員会ですが、農業委員会も相当議論しているところです。農地法を考える上での出発点として農業委員会を勉強し、そこから農地法を考えていくと分かりやすいです。農業委員会を見れば見るほど、農地法そのものを変える必要性にぶつかります。市町村の行政機関ではありますが、市町村長の指揮監督は受けず、農業者の代表などからなる農業委員の話し合いで運営します。制度としては、選挙委員四〇人以内と、農協等の農業団体及び議会が推薦した選任委員で構成されています。ここでもなぜ農協が入っているのかという議論は出ております。

　農業者から選ばれた選挙委員がいるところに、なぜさらに農業団体が必要なのでしょう。特に専任委員のほうは、全く農業に関係ないその地区の住民であったり、地域全体の土地計画を考えるというスタンスで委員を選んだほうがいいのではないかという議論が出てきています。選挙委員のほうは、女性の比率を高めようとしていることは承知しておりますけれども、専業農家の割合がどれくらいなのかという問題が出てきます。専任委員と選挙委員の比率も話し合われています。平均で二一名ですが、農業委員会というものをどういうふうに考えるべきか、ということです。

　農業委員会の役割としては、まず農地法第三条で規定された農地の耕作目的の所有権または利用権の移動への許認可があります。農地利用権の設定面積は、農地法三条と基盤強化法によるものがあります。農地法三条による移転面積は約六、〇〇〇㌶しかありません。もともとは農地法三条による耕作目的の所有権ないしは利用権の移転を議論するのが本来の役割であったはずなのですが、今はそこがとても後退してしまっています。これは農業委員会が悪い訳ではなく、政策が農地法をそのままにして、バイパス的に基盤強化法で賃貸借を行うという枠組みをつくったからです。しかし実態として、農業委員会の役割が初期の頃に比べて変質しているということは否定できません。

農業委員会で一番批判の対象となるのは、農地法四条、五条で行われている農地の転用です。三条移転が少なくなったために、ウエイトとして四条、五条が大きくなっているということで、ここが批判の対象とされてきた訳です。つまり、明日は自分が審査される側になる案件を、今日は審査しているという構図がある訳です。そうするとインサイダー審査という誹りを逃れられないという部分もある。もちろん熱心で良い農業委員会もたくさんあることは承知しておりますし、われわれもすべての農業委員会が悪さをしているような印象は持っておりません。ただ制度として、そろそろ変える時期ではないかということです。ここは農業委員会そのものが悪さをしているという認識から出発しているのではなく、制度としてもう少し整理する必要があるということです。特に、三条移転の役割が終わっているのではないかということです。

転用のところが相対的には大きくなっていますが、もっと大きくなっているのは二〇〇九年の農地法の改正で利用状況の調査、遊休化している農地の指導などが役割として非常に大きくなっています。これは農業委員会というより、耕作放棄地や遊休農地に対する制度が未熟なためと言えます。

農業委員会による指導実績が、平成二三年の実績で二万一、六二〇㌶しかありません。耕作放棄地や遊休農地と言われているところに比べて、あまりにも指導の数が少な過ぎます。当然その後、勧告から最終的には特定要件の設定までありますが、そこまではなかなかいきません。やはり制度として問題があるということです。農業委員会がさまざまな実施要領等を決めて、農地パトロールをしているのは承知しております。しかし、この実績と解消に向かわない実態を考えると、農業委員会の役割は見直す必要があると思っています。

賃貸借の二つの制度はご案内の通りですので、ご確認ください。

制度として課題の残る農地転用申請

農地利用権の設定面積を見ますと、基盤強化法のほうがはるかに多いのです。従って農地法三条の役割をどう考えるかということもあり、意見の一つとして農業委員会の役割を市町村に移していくという議論も出てきます。われわれとしても、市町村のマンパワーが少ないということは承知しておりますが、マンパワーが足りないから農業委員会を放置するということではないだろうという見解です。農地に関する専門家を市町村が雇い、農地の管理等に当ってもいいのではないかという議論が出てくることになります。

次は農地所有権の移転面積です。これも利用権ほど差はありませんが、基本的には基盤強化法になっているということを確認ください。農地の転用面積については、まさにここが農業委員会の役割として相対的に大きくなったところですが、バブルの頃ほどではないにしても、転用面積が一万数千㌶あるということです。三条の移転よりも転用面積のほうがウエイトとして大きくなっているということです。今申し上げたところをまとめますと、農地法三条による権利移動の比重は小さく、転用面積は減少傾向にあるけれども、その審査は農業委員会の主要な業務の一つであるということです。農地転用申請は利害が一致する農業者が委員として審査に当たるため、内部審査とみなされやすいということです。これは制度としての問題があると思います。二〇〇九年の農地法の改正で利用状況の調査等の比重が増して、その役割が大きくなりました。ただ逆に言いますと、農地の監視ということであれば、農地監視委員会という制度にシフトしていくことも考えられると思います。

農地の監視というのは非常に重要になってきています。農地として利用されなければ、そこは重いペナルティを課す必要もあると思います。今はペナルティも軽いので、耕作放棄地や遊休農地がどんどん出てきているということがあります。もっと客観的な基準で農地の利用状況を多くの項目でチェックして、誰でも分かるような判断をして、例えばチェック項目の八〇％をクリアしなければいけないという制度も考えられ得る訳です。

次に農地制度改革の方向です。ここは全く私個人の意見で、規制改革会議ではまだこういうことを議論していません。農地を経営資源として効率的に利用することについて、農地法というのは農地改革の成果を守るという視点で作られていますが、農地は言うまでもなく、資本、労働と同じ本源的生産要素であり、生産資源としてある訳です。生み出すものは経済的な話だけではなく多面的機能もあるのですが、日本の産業としての農業という観点から見ると、経営資源です。そういう視点から農地法を組み直すことが必要だと思います。その意味では、農地を農地として利用する限り、経営形態を問わず所有を自由化するということです。

農地情報は農地台帳も含めてデータベース化を考えております。これも地域ごとにやっているので、なぜ全国一本のシステムでやらないのか、そうすれば一〇〇億円もかける必要はないのにという声があります。ここは私の考えで言いますと、ＩＴ化のプロセスというよりも、いわゆる経済情報をどう盛り込むのかということが重要ではないかと思います。農地の形態や地形などの物理的な条件だけではなく、実際、その地域の農地価格はいくらで売買されたかということを含めた情報は重要です。そういうものをもっと織り込んだ形で情報開示をしてほしいと思っています。

転用規制のところ、これはゾーニングであればいいと言うのは簡単ですが、実際はいかに大変かというのは実感しております。完璧なゾーニングということではなく、例えば三〇年規制、五〇年規制などです。三〇年はすぐに経っちゃうから転用期待はなくならないという議論もありますが、財産権がひっかかるのであれば、永久農地指定を避けて考えればいい。

永久農地指定も「それは出来る」「財産権を侵すことにはならない」という見解を持っている法律学者もいますが、ここはもう少し規制の強化が必要で、やはり農外利用に関しては、相当きついペナルティを課していくことが重要だと思います。

農業委員会に代わる農地利用を監視する機関の設立については、農地の利用に関してウォッチすることは重要なところですので、監視専門機関の設立を考えたほうがいいのかなと思っております。

農地優遇税制の見直しについて。先日、新潟で約五〇㌶の経営をしている所を見て来ましたが、真ん中に一㌶ぽつんと空いているのです。この農家は、父親は農業生産法人に貸してもいいと思っているんだけれども、息子が貸さないと言う。色々な事情があるようでした。そういう所は、所有はもちろんよいのだけれども、連坦化していない一定の農地は税制を強化してもいいのではないかということです。いわばあぶり出し的な話ですが、皆とやるという形で連坦化して、そこを耕作しているということであれば、当然、農地として優遇税制を受けられるけれども、個別に切り取ったように、頑固にやっているような農地利用の在り方というのは、やはり税制で少し縛っていくということがあってもいいのではないかと確認しました。税制も大規模に農地を有効利用していれば、今でも安い固定資産税ですけれども、それを無料にしてもいいのです。つまりメリハリをつけると言いますか、段階的な税制の仕組みがあってもいいと思っています。

「人・農地プラン」の位置づけをどうする

農地集積バンクが今、作られようとしているところです。内容は機構が地域内の所有者から借り受けを行い、それに利用権を設定して、地代も地権者に払うという話です。圃場の大区画化等については、全額機構で基盤整備を行い、担い手等の規模拡大にまとまった農地を貸していくということです。

ここでは「人・農地プラン」の位置づけをどうするかということで相当に議論になりました。「人・農地プラン」もまだ定着している訳ではなく、中で色々な批判があったり、人・農地プランなんて全然聞いたこともないという農業者がたくさんいるという実態等もあります。「人・農地プラン」に関しては、それ自体の重要性は認めるけれども、これを今すぐ検証なしに法制化というのは時期尚早であるいうことで、法制化することについては反対の意見を付して、規制改革会議では提出したということです。

懸念されたのは農地が塩漬けになりやしないかということです。出し手は結構出てくると思います。後継者がいない、自分たちだけでまかないきれないという所では、これまでなかなか受け手がなかったので、機構が受けてくれるというのでどんどん出てきます。

ただし、それが有効に使われるかということが問題で、塩漬けになる可能性があります。そこは地代がずっと支払われますが、その地代と一〇〇％機構が行う基盤整備は、当然税金からということになります。そして基盤整備になった後に「返してくれ」と言われたらどうするかということもある訳です。例えるなら、ぼろアパートを貸したら高級マンションになって返って来る。それが全部税金でされるというようなことで、有益費をどうするか、どういう農地を引き受けるのかという議論もあります。そして、「相当にひどい耕作放棄地まで受けては駄目ですよね」という議論もしてきました。農地は集まることは確かだろうけれども、その後どういう使われ方をするかということで、そこの費用対効果の検証が必要だと思います。市町村・民間企業への業務委託も考えられますが、それがまた孫請け的な形で従来と変わらないような制度になりやしないかという懸念もあります。

それから国費投入ということで、概算要求では一、五〇〇億円程度の要求が出ていました。出し手のメリットとしては公的な機構なので安心して預けられるということです。しかし機構というのは、塩漬けが心配であるということです。受け手としては、これまで出し手が見つからなかったという地域ではメリットがあるでしょうけれども、それを機構がどういう形で見ているのか。議論としてあったのは、担い手がいないのに耕作地を預かってどうするのという話になる訳です。まずはマーケティングして、農地を集約したら誰が借りるのかということの見通しと、今後のスケジュールなどを考えずに集めてしまう。つまり出し手から受け取って、基盤整備をしてしまうということの問題点が残る訳で、そこは少しウォッチしていかなければいけないと思っています。

将来に向けて農協制度をどう進める

最後にJA制度です。ここも議論としては大きくて、農協改革というよりも、農協に対して他の同じような事業者といかにイコールフッティングを行う制度を作っていくかということです。ご案内の通り、JAは「ゆりかごから墓場まで」あらゆる事業展開をしているところで、組織は三段階です。ヒアリングの時に私がしつこく聞いたのは、農家数二五三万戸に対して、なぜ四六七万人も正会員がいるのか、一家に二人の会員がいるような所が二〇〇万戸もあるのかという話です。そこは精査して、組合員資格をきちんとチェックすることが求められています。それは別としても、五一三万人の准組合員、職員二二万人、役員二万人という巨大な経済事業体になっているわけで、そこに対して優遇措置が施されており、金融機関の他業禁止の例外、信用事業も経済事業も出来るということです。生保・損保の併営禁止の例外である「ＪＡ共済」は、生命保険も車の保険も両方売れるという特例措置になっています。

独占禁止法の適用除外については、共販性と共同計算です。単協については、あまり異論のないところで、農協だけでなく協同組合はすべて独禁法の適用除外になっています。問題は連合会というか、全国農業協同組合連合会をはじめとした、上部組織における独禁法の適用除外というのは、今日的に正当性があるかどうかということです。歴史的な背景に産業組合や農会等があって、今日の農協があるということ。また初期の農協にとって、三つの事業が一体となって行われていたことの必要性も十分認識しておりますが、今日におけるその役割を考える必要があるということです。

ここには補助金の受け皿と書きましたけれども、補助金そのものの在り方というよりも、特にさまざまな施設に対する補助金というのは、いわゆる共同事業でなければ出ない訳です。個人が機械を買ったり、個人で施設を作ったりしても、日本で補助金というのは出せません。

そうすると補助金の受け皿として、農協がカントリーエレベーターや乾燥施設等を含めて施設を作ります。農協の組合員はそこを使わざるを得ないという部分もある。協議会等も含めて、補助金の受け皿としての農協の在り方ということをもっと幅広くとらえて、色々な形の補助金の受け手があってもいいのではないかという議論もあると思います。

農協の制度改革としてどのような議論が可能かということで、六点ほど挙げております。農業者の協同組織としての農協で、准組合員が数で凌駕する矛盾をどうするのか。分離分割というのは理論的にはすっきりする話です。経済事業を従来型のＪＡ農協として考え、ＪＡ共済あるいはＪＡバンクは地域協同組合化していくという方向はあると思います。そうすると准組合員を正組合員にすることが出来ます。今のままで准組合員にも議決権を持たせたら、という意見も一つのアイデアだという見方もあります。私はそこにはあまり賛成していません。ただ、数で言えばメジャーになっている准組合員が議決権を持たず、マイナーな人たちがいわば農協の運営を決定しているという矛盾はこれからどんどん広がっていくという意味で、どうするのかという議論はあると思います。

系統全国組織の主導では、地域の特性に応じた単位農協の独自の展開には限界があると、敢て「限界」と書きました。これまで単位農協というのは、注文を取ってきて、それを上に上げていくという御用聞きでよかった。しかしそれだけでは、許されないことになってきて、あらゆることの効率化ということで、単協はもっと独自性を発揮して強くなっていく。積極的に事業展開していくためには、どこまで自由度を持たせていくかということかと思います。

もちろん、農協の分離分割にいきなり持っていく訳ではなくて、その前に第三者監査の必要性があるのです。これも農林水産省と長いやり取りがあり、「中央会で行っている監査が第三者監査なのだ」と言い張っていますが、これは客観的に見てどう考えても内部監査にしか見えない訳です。そこは外部監査を、きちんと導入することから始めていくのが望ましいと思います。競争的なことで言えば、ＪＡでない農協の新規参入とＪＡ同士の競争の促進がありますが、これはいわゆる中央会条項というのが先の国会で外れました。これは民主党時代の制度改革会議で提案して通った話です。中央会条項が外れたからといって、すぐ農協を作ろうという話にはなっていません。やはり農協の文化や色々なしがらみの経緯がありますのですぐにはならないにしても、この辺りをどう活性化していくかということが、農協を考える上で重要だと思っております。

（ほんま　まさよし）

〈質　疑〉

――　産業競争力会議と規制改革会議と農林水産業地方の活力創造本部の三つの組織がありますが、それぞれどういう分け方をしているのでしょうか。

本間　必ずしも仕分けをしている訳ではありません。委員がオーバーラップしているという部分もあります。減反の話は産業競争力会議の農業分科会のほうで出てきた話です。われわれとしては出来るだけオーバーラップしないほうがいいと思っています。ましてや減反そのものが選択制になっていますし、規制ではないという部分がありますので、われわれのほうで減反政策を議論したことは一度もありません。

産業競争力会議で上がって来るものと、規制改革会議から上がって来るものを安倍総理が本部長である活力創造本部でまとめます。そこで同じ議論をして同じような結論が上がって来ても意味がない話なので、出来るだけ棲み分けをしたいということはありますが、かなりダブっているという印象を持たれる方も多いと思います。

――三つの取りまとめについて、その優先順位をお聞かせください。

本間　農業委員会、農業生産法人、農協という順番にはなっています。ただし優先順位については議論していません。農業委員会が一番初めの論点として出てきて、次に農業生産法人について議論しました。提案は三つまとめてすることになります。

農協については相当に重たい話ですので、早いうちに議論として出てくることはないと思います。恐らく、農業委員会の見直しから入っていくと思います。

農業生産法人も難しいところあります。稲田朋美（規制改革担当）大臣の言う農地法の大改正というのも、おっしゃる通りですけれども簡単ではありません。

農業委員会の役割を見直すことによって三条規定のような条項を外し、中間管理機構のようなところを盛り込んで一体化する、要するに基盤強化法と農地法を一本化するほうがすっきりします。農業委員会の議論を深めていきたいという方向づけはありますが、なかなかそこまではいかないのが実態です。

――農業委員会と農地中間管理機構の関係について、基本的に農地中間管理機構の中に農業委員会は入らないということですか。

本間　管理機構の中に運営委員会を作り、そこに農業委員会の会長と市町村長が入って、彼らが拒否権を発動できるという案が初期にありました。それはまずいので、農業委員会は農地を監視する役割はありますが、機構下部組織として入れないという方向で議論してきた経緯があります。

その運営委員会の他にも理事会を作る訳です。そうすると誰が機構の運営方針等を議論するのか曖昧になるため、農林水産省としては運営委員会を諦めました。運営委員会の中で市町村長と農業委員会の会長に拒否権を持たせるという案が消えた訳ですが、逆に運営に関することは全て都道府県に投げてしまい、都道府県が機構をどう作るかということに手出し出来ない状況です。

機構が農業委員会に業務委託をするということは、当然出てくると思います。実態として市町村はすぐに専門家を育成できないので、そこは農業委員が対応することは生じると思います。

―― アベノミクスの第三の矢は非常に重要であり、企業の農業参入への期待は大きいと思います。しかし農地法との関係で難しいのでしょうか。

本間 農地中間管理機構を作るときに議論になりました。初めは「人・農地プラン」で選ばれた担い手に任せ、そこで受け手が見つからない場合に公募にする二段構えで提案してきました。しかしそれは、受け入れられませんでした。「人・農地プラン」による担い手を優先することを排除し、初めから公募にして、他から来る人や農外から入って来る人たちを公平に公募で受け手を決めていくということです。公募して誰を選ぶかは機構の専権事項ですので、そこは任せるしかありません。しかし選ばれなかったとき、あるいは不満や不信があったときには、それを訴えるという窓口を設けることを要求し、透明性を高めています。規制改革会議の中で、農外からの新規参入に重点を置いている委員が初めから全部公募にすることを主張し、その意見が通ったという経緯です。

―― 公募をして、入ってくる企業はいるでしょうか。

本間 それは地域にもよるでしょうし、開けてみなければ分かりません。機構など使わずに、独自に新規参入する企業のほうが多いのではないかと私は思います。

――企業が中間管理機構を使わない最大の理由は、貸し手が農地を出すかどうかが任意になっている点だと思います。規制を強化し、強制的に貸しなさいという制度にしなければ動かないのではないでしょうか。そういった議論はないのでしょうか。二点目に税制の優遇措置の見直しについて、都市近郊の限られた所以外の準農村地帯には、税金では効かないと思います。都市計画的な規制も含めた手法を本格的に入れないと、保有コストは上がらないのではないでしょうか。三点目は、わが国の農業は兼業主体で、農地の所有者が農業を本格的にやっていないところに問題があるため、農地だけの法制度で対応することに無理があると思います。都市計画制度を含め、土地全体のあり方からアプローチをしないと本質的な解決にならないのではないでしょうか。ご見解をお聞かせください。

本間　企業の参入についてです。中山間地の耕作放棄地に対して、税金を使って圃場整備し、借り手を探すということで、最初は平場の話は関係ない印象でした。報道では、巨大な農地集積バンクとしてあらゆる農地を集約していくような印象で書かれていますが、ここに集まってくる農地はそんなにはないと思います。中山間地や、農地を処分したかった人たち、あるいは離農するにも出来なかったような人たちを救うという意味では非常に有効ですが、いわゆる平場の農地が集積されていくとは思えません。

平場の農地については手立てがありません。平場の連坦化していない所、分散錯圃の所も集まって来るようなイメージで議論されていますが、そうではないというのは仰る通りです。税金の話で、四〇ヘクタルの中にある一ヘクタルのぽつんとした農地はどうするのか、規制をかけていくのか、どういう規制が有効なのか、そこは難しい問題です。

企業の参入ということであれば、優良農家と優良企業が、もっとコラボするような環境を作っていくということが重要だと思います。少し話はそれますが、企業が参入して失敗するのは農業者ときちんとコラボしていなかったことが大きな理由です。企業は三年でうまくいかなければ撤退します。機構にかかわらず、平場の農地が集まっていくかというところですが、機構への過大な期待は私も持っておりません。

二番目について、ゾーニング規制で農村地帯は対応できないというのも仰る通りだと思います。中山間地の農地のまとめ方は、離農して辞めていく農地を受けるリーダーが、その地域にいるかどうかです。山梨県の清里グリーンファームの例では、農業公社から始めて一〇八ヘクタルほど中山間地を集めてやっているそうです。離農した農家の受け手となって受託し、経営をしています。中山間地ですから田植えでも収穫でも適期が違うため、作業効率を落とさずにやっています。単に平らな所をやっていくということだけではなくて、そういう取り組みに対する支援や仕組みを考えていくことのほうが、税金で縛っていくよりいいと思います。

最後の質問は全く同感です。農地だけで議論するのではなくて、地域の都市計画ないしは土地利用計画を考える必要があります。都市計画法と農振法と農地法を、全部一体化した形で地域の土地計画が議論される必要があります。町の一番都合の良い所が田んぼになっていて、転用が出来ないということがあります。市役所や病院を建てようと思っても認められないから、崖の上や、不便な所に公共施設を建てざるを得ない。だからもう少し転用規制を緩めてほしいという話もあります。農業委員の構成を変えていくときには、そういう視点が必要です。場合によっては、転用が必要な部分は当然ある訳で、そこは地方に任せてもいいと思います。

総量として農地をどのぐらい守るのかということが重要なので、都道府県ごとに開発権の売買をするように、ここは農地を潰して開発するから、その代わりの農地をどこかで確保する、あるいは耕作放棄地をなくすなど、他県で農地を確保するということです。総量としていかに確保していくのかという問題がありますが、転用ということで言えば、がんじがらめに絶対だめということではなくて、その地域の土地利用計画をきちんとするべきです。

地方分権と言われていますが、そういう気分が盛り上がっていないのは問題です。農地だけではなく、土地に対する公共性の認識が日本はものすごく低いので、そういうところの啓蒙活動も必要だと思います。

――政高党低という状況があると思います。減反の話でも、当初は米の価格を下げて競争力のある農業を作ろうという内容だったはずが、党の議論を見ると新たな生産調整のようです。第一次安倍内閣のときに選別対策を取ったことで痛手を受けた経緯もあり、現政権の中で農業問題は本当にやる気があるのか、相当デリケートな問題なのかどのように見ていらっしゃいますか。

本間　スタンスとしては「やるぞ」ということですが、実態は相当に配慮しているようです。アドバルーンの上げ方が非常に上手で、アベノミクスに首をかしげる学者がたくさんいますが、円安に救われて株価もついてきたし、そこがアベノミクス効果だと見ている人もいる。それは農業政策についても当てはまり、農産物輸出の倍増というのはすごそうだけれども、中身は全然であったり、どこまで六次産業化を本気で考えているのかが疑問なところもあります。農業農村の所得倍増にいたっては、これは言葉のアドバルーンで中身は何もないという批判もあります。

ただ、首相や官房長官が農業問題をこれだけ語り、色々な政策が官邸から出てくるということの意味合いは非常に大きいと思います。活力創造本部を筆頭に、産業競争力会議、規制改革会議があります。われわれは創造本部に何を提言するかという形で動いています。さまざまなところで議論しているということも、これまではなかったことです規制改革会議でも、今は発言をしやすい気がします。自民党の議員の中に「品目横断」のトラウマがあるのは確かですが、何らかの形で官邸に受けとめてもらっているという手応えがあり、これまでとは違う印象を持っています。

民主党政権のときには言いっ放しで、全部政治が決めるので省庁との直接対峙は絶対にするなと言われていました。当時、農協についても規制改革で出ましたが、うんうんと話を聞かれているだけで、実際には何も通っていません。現在は一歩進めるような感触を持っています。

農業改革は来年一月以降の議論です。農業ワーキングには本委員の方がおり、岡議長、太田議長代理も時間のある限り議論に参加しています。まだ頭でっかちなところはありますし、現場を知らないこともありますが、まさに農業に対する期待を込めて変わって行こうという雰囲気はあります。過去の規制改革、規制緩和関係の会議よりも進める雰囲気にあると思います。

――日本の農業構造をどういう方向へ改革、あるいは規制緩和をするのか。

本間　それはまさに総理を含めた官邸の考えだと思います。ただ、われわれとしてもそれぞれはビジョンを持っています。製造業的な農業を作っていくとイメージしている人もいるかもしれませんし、もっと自由に農業者と非農業の人たちが組んでやっていく姿を描いている人もいます。共通しているのは、市場のメカニズムを使って、どこまで農業が発展できるのかというところだと思います。

農業は市場のメカニズムにはなじまないという見方もありますが、じゃあどこまでやれるのか。ここを越えたら市場のメカニズムはだめだというところが見えていないというか、それに尻込みしたまま、価格政策やあるいは補助金というところで今の農業が成り立っています。そこを取っ払うと、農業がどんな形になるのかというビジョンがある訳でありません。市場の失敗、あるいは市場の限界というのもありますが、今の農業に関して言えば、そこがあまりにも使われなさすぎているということです。もう少し市場に踏み込んで、市場に任せてもいいのではないかというところが、共通項だと思います。

その先のビジョンということになると、そこは規制改革などで作れる話ではありません。そこに行くきっかけとして、農協のイコールフッティングだとか、農地法の規制の撤廃だとか、もう少し市場原理を使ってみてはどうかということです。

他の産業も戦後、さまざまな苦労をしています。今は経済産業省も身軽になりましたが、相当に産業政策に介入していた訳です。非農業部門には、そういうものを取っ払って来た経験もありますので、もう少し市場を使ってみて、その枠組みの中でうまくいかなかったら補正をする。ほとんどの委員の基本的な考え方は、そこで集約されると思います。ビジョンというよりも、他の産業が使ってきた手法をもう少し有効活用してみてはどうでしょう。そのために、こういう枠組みを一度取っ払ってみてはいかがかということです。

――これから壮大なる社会実験をするということでしょうか。

本間 社会実験ではなく、他の誰もがやっていることに、ほんの少し踏み出すという程度だと思います。実際に農業政策そのものは、価格政策もやめつつあります。今回の減反も、補助金ということを除けば全て市場のメカニズムで価格を決めましょうということです。壮大な社会実験ということなら、それこそ農地法を全くなくして自由化するようなことになります。規制改革はそんな大それたものではなく、むしろほんのわずか、市場を使うための規制を外してみましょうということです。それで失敗したとしても引き返せる、あるいは政府が公共政策で補える範囲のことしか考えていないとご理解ください。

――今日の規制改革の中身を見ても、どこにも畜産（肉牛・酪農・養豚）について出てこないのは何故ですか。これからおやりになるのでしょうか。

本間 私は盛り込みたいと思っています。特に酪農は一番初めの行政改革委員会、規制緩和のときに提案はしましたが、今のところ却下されています。それは委員の方の関心というよりも、ご存知ないのだと思います。あるいは畜産については、米などに比べて進んでいる印象があるのかもしれません。

――現実の畜産の世界では、東北三県で自殺者が出ています。北海道から沖縄までの畜産の現状を見て、そこを避けて通っていいのでしょうか。

本間　何らかの規制が問題で、現状が引き起こされているのでしょうか。そこの議論は私にはよく分りませんが、規制の話ではないのではないでしょうか。例えば、どの規制が問題となって自殺につながっているというお話があれば、お願いします。

――日本の農業の中で、畜産をどう位置づけるのでしょうか。米との関係でも深いので、その議論をぜひやっていただけないでしょうかという、お願いです。

本間　具体的な問題をご指摘いただければ、議論をしたいと思います。募集は常にしています。ぜひご意見をお寄せください。

――牛肉の輸出について、現在五〇億円のところを二五〇億円にするという数字が出ています。和牛の世界には余力がありません。どうやって二五〇億円が達成できるのか、疑問があります。

本間　それを出したのは内閣府だと思います。私は申し上げられません。

――ここで答えを求めているのではなく、そういうことを皆さんで議論していただけないかというお願いです。

本間　具体的な問題をご指摘いただければ、われわれとしても取り組みたいと思っております。

（二〇一三・一一・二二）

大規模農業法人の立場から経営を見る

有限会社藤岡農産代表取締役　藤　岡　茂　憲

皆さんのほうが農政問題、農業問題には詳しいと思います。ですから私の発言に間違いがあるかもしれませんが、現場で実際に農業をやっており、両方の立場から農業現場のお話をします。前半は「公益社団法人 日本農業法人協会」の活動と農政改革について、後半は会社のビデオなどを見ていただきます。昭和二七年生まれで今年六一歳です。六〇歳を過ぎたら農業の現場から引退をするつもりだったので、現在はほとんど社員に任せています。

平成二五年六月二〇日の役員改正で日本農業法人協会の会長を仰せつかりました。この協会は一五年目と歴史は浅いですが、私どもは平成六年に、秋田県農業法人協会を全国に先駆けて作りました。全国の会は、平成一〇年に任意の団体で全国農業法人協会が出来、その後一一年六月二八日に社団化しました。それを遡る平成六年から協会活動にかかわっています。平成六年当時は、まだ農業の法人化はメジャーではなく、個人経営や家族経営が中心でした。当時の秋田県の農業会議の事務局長が、これからは法人経営をして、複式簿記をやって納税できる経営者が求められるということで始まったのが、平成六年の秋田県農業法人協会です。家族経営の農業では、ほとんど所得税を納めていない経営が非常に多くあります。設立の目的や事業の概要などは後ほど資料をご覧ください。現在、全国に正会員が一、七八一社、その他に賛助会員が七、それとアグリサポートクラブ会員では九七社のさまざまな企業・団体から支援をいただいております。

「わが国農業政策へプロ農業者の目線からの提言」の概要版がお手元にあろうかと思いますが、平成二五年六月五日に農林水産大臣宛てにこれを提出しています。今の政策の改革がこの内容に沿っているかどうかには疑問があります。これからの農業については、家族農業や個別の農業を否定する訳ではありませんが、ある一定の規模を持った法人経営で、そこに若い人たちを雇用できるような形態を作っていくべきだというのが、日本農業法人協会が一貫して述べてきたことです。

私どもが一番に訴えているのは、一番目に基本的な考え方を大切にするということです。二番目には、今迄のわが国の農業政策は味噌もクソも一緒なところがあり、「産業政策」と、山間地も含めた地域をどう守っていくのかという「地域政策」を分けてほしいということを訴えてきました。

三番目は担い手が主導する農地集積の促進についてです。まさに今、農地中間管理機構がさかんに議論されておりますが、私も先日、衆議院の農林水産委員会に呼ばれて行ってきました。今回のこの農地中間管理機構というのは、以前にも似たような政策をやっており、何故ここで敢て中間管理機構を大々的に上げてきたのか、腑に落ちないところがあります。

最近の農業政策の流れを見ていますと、産業競争力会議が相当意見を述べています。かつての農業政策は、自民党農林部会のいわゆる農林族と言われる先生方の強力な意見がかなりの大勢を占めていました。ところが第二次安倍内閣になってからは、いわゆる官邸主導の産業競争力会議や規制改革会議の意見が相当強くなっています。それに反論しうるような農林族の先生方がいなくなったのです。かつては、声がでかくて影響力がある、いわばマスコミに注目されていたような先生方が上に取り込まれて、発言力が弱くなりました。今は官邸主導で物事がどんどん進んでいます。スピード感があっていい面もありますが、大きな法案、大きな政策が変わるにしては、議論の時間が少ないのではないかと感じています。議論の時間が少ないということは、すなわち現場に浸透する暇もなく決まってしまうということです。それで農業政策の流れも大きく変わって来ています。例えば今回の減反見直しだとか、あるいは中間管理機構に農業委員会の関与を外すとか、その辺りに反対する自民党の先生方のトーンが随分低いんです。

「減反見直し」についての私の見解は、五年後の約束というのはほとんど担保されないものと考えており、可能性は三割だと思っています。五年後には恐らく総理大臣は変わり、農水大臣は一〇〇％変わっています。事務次官や局長クラスも五年後には変わっています。農林水産省の役人もほとんど変わる可能性が高いでしょう。今後の情勢がどうなるか分かりませんが、政権も交代している可能性もあります。そういう事を考えると、五年後の約束というのは可能性としては三割もないと思っています。一番安定したのは直近のこの三年半、四年の間です。民主党政権が打ち出した「経営安定対策」は四年間変わっていません。民主党の農業政策は、ある意味一貫して変わらなかったということです。策がなかったと言えばそれまでですが。

経営安定対策見直しの最大影響はだれ

提言の四番目は、新時代に向けた経済対策の充実です。これは現在のさまざまな経営安定対策の法制化、あるいは畜産対策を挙げています。皆さんご存知の通り、現在の畜産対策は深刻です。円安になってからエサの基金が莫大な借金、恐らく一、〇〇〇億円ぐらいの債務を抱えています。輸入しているエサは相当の影響を受けており、抜本的な対策を強く要望しています。

五番目は、地域農業の振興を通じた国土保全。これは直接支払いなどについて。現在も三つほどの政策がありますが、今回の農林水産省の説明では経営安定対策の一万五、〇〇〇円から半分の七、五〇〇円にして、その財源を直接支払いに持っていくと言っています。自民党農林部会でも相当議論したようです。お金が足りないのでもっと出せと言っていますが、農林水産省は、財務省がなかなか「うん」と言わないと言っています。直接支払いをもっと手厚く持っていくために、恐らく今の経営安定対策の一万五、〇〇〇円を早くにゼロにしたいのでしょう。しかし、いきなりゼロにすると農家からの反発が強く、次の選挙で負ける可能性があるため、今回はまず半分にしました。

この経営安定対策は今年（二〇一三年）で四年目になります。これがない時は当てにはしていませんでしたが、三年間も貰うと、農家は収入として予算計上しています。しかも大規模経営農家の一〇〇町歩クラスになると一、五〇〇万円です。いくら大規模と言えども一、五〇〇万円があるかないかでは相当違います。ですから今回の経営安定対策の見直しで、一番影響を受けるのは大規模稲作農家なのです。小規模農家では影響は少ないと思います。

今回の見直しでは、いわゆる担い手だとか大規模経営体に何らかの支援措置があると期待したのですが、それは一向に出て来ません。安倍総理が言う、いわゆる成長戦略の中に「四割コスト削減」だとか、あるいは「担い手に八割の農地を集める」とありますが、その割には大規模だとか、経営体の中心となる担い手への政策が、今回はほとんどありません。諸外国と競争できるような強い経営体を育てるならば、将来に向けて本当の経営者を育てていく仕組みを構築するべきで、今のままでは何のための政策か分らないようになっていくと感じています。

中間管理機構で、まとまった農地が一気にドーンとくるかどうかと言えば、私は二年ぐらいはそう動かないと思っています。それがきちんと定着して地域の信頼が出来るまで、田舎の人は大きく政策が変わっても、着いていけないのではないでしょうか。われわれが地域の中で、長い間をかけて信頼を得ながら農地を集積してきたことに比べると、中間管理機構が出来たからといって、そう簡単には土地は集まらないと思います。中間管理機構に貸した場合は、田んぼの固定資産税を安くするようなことを新聞で目にしますが、田舎の田んぼの固定資産税はもともとゼロに近いので、そこを安くしてもほとんど効果はありません。

このようなことで日本農業法人協会が、政策提言として訴えていることを簡単に説明しました。もう一つの資料は、毎年、日本農業法人協会が農業法人白書として、会員からデータを集めて公表しているものです。日本の平均耕作面積よりも、法人経営は面積が大きくなっていることは確かです。面積が大きいと、当然売り上げも増えています。その売り上げが大きい農業法人が必ずしも毎年利益を出しているかどうかについては、このデータには出ていません。

次に実際の現場の話に入っていきます。先ずはうちの会社のＤＶＤをご覧いただきます。

～　ＶＴＲ資料公開　～

コマーシャルビデオみたいになってしまいました。

日本の農業に営業販売力が足りない

私は平成九年に会社を起こしました。日本の農業には営業・販売が足りないのではないかと感じております。いくら良い物を作っても、営業販売に力を入れないと経営として成り立たないのではないかと考え、平成一五年に周囲の反対を押し切って東京に営業担当を一人置き、新規の開拓やクレームがあった時にもすぐに取引先へ訪問できる体制を取りました。

人が直接に会いに行くことで、クレームは大きくならずに済みます。連絡が来てから一時間以内に出向いて対応することは、次につなげるためにも非常に大事です。本当に取引をやめようと思うお客さんは、電話もかけてきません。電話をくれるということはまだ可能性があるということなのです。東京と秋田で距離が離れていることで大変なのは、特に飲食店の取引先でお客さんが増え、急に米が足りなくなった時、店の近くの米屋に注文すればすぐに持って行きます。これをやられてしまうと「やっぱり離れているとだめだ、近くの米屋から買ったほうがいい」ということになってしまいますので、その欠点を埋めるようにしました。

東京の営業担当の所に、常時三〇キログラムから六〇キログラムくらいはストックしておき、足りないという連絡を受け次第、とりあえず五キログラムでも持って行く。そして発送するまでの繋ぎにしてもらいます。それでも足りない時は別の取引先にお願いし、そこから借りて行くようにしました。そのようにして欠品を出さないこと、クレーム処理すること、さらに一番大切なのは皆さんもご存じの通り、東京の飲食店というのは開店して三カ月も持たないような店がたくさんあるため、常に営業状態をチェックすることです。突然潰れて、貸し倒れになってしまっては困るので常に店にお客さんが入っているか、掃除が行き届いているか、従業員がしょっちゅう変わっていないかなどをチェックしてています。そのためにも営業社員を東京に置いている意味は非常に大きいです。
恐らく、これぐらいの零細企業で米を販売していて、東京に社員を置いているという所はあまりないと思います。当然経費はかかりますが、六〇〇〇万円かかれば六、〇〇〇万円売れればいいし、八〇〇〇万円かかれば、八、〇〇〇万円売れれば十分に元が取れます。そういう米の会社が藤岡農産です。

会社の経営方針についてお話しします。農業をやっていると、雪が降る一二月から春までの農閑期には何をしているんですかとよく聞かれます。積雪の多い寒冷地帯の米作り農業は、冬は暇だと思われていますが、うちの会社では冬に勝負をします。冬の間に、翌年作付けする面積に合わせたお客さんを徹底して探しています。

一生懸命やってもお客さんが取れなかった場合は、それに合わせた分だけ田植えをするようにしています。売り先のない物は作らないのです。春から一生懸命田植えをして、肥料や農薬など経費をかけて、秋になっても今年の米はいくらなのか農協が発表しないなどという、賭けのような農業はうちではやりません。

種蒔きの前にお客さんの数と販売単価を決める経営方針なので、売り先と価格の決まっていない種は蒔くなと言っています。従って売れ残りとか、秋になってから米の値段が下がるとか、そういうことはうちの会社ではあり得ないのです。私の基本的な考えでは農業は製造業だと思っていますので、製造原価を割った販売方法は取りません。確かに、周りには安い米や高い米など色々ありますが、うちの栽培面積四〇㌶に合ったお客さんを探せばいいのです。それ以上の無駄なことをする必要はありません。四月までの間に一二〇%のお客さんを探すと、大体二割ぐらいのお客さんがやめていくので、ちょうど一〇〇%になります。足りなくなったら、周りの農家や農協から仕入れることもあります。

昔は農協が米を出荷する所でしたが、今は仕入れ先です。そのほうが農協も喜びます。昔は米を出さない農家は非国民でしたが、今は全農も売るのに大変です。農協に米を出さない代わりに肥料や農薬、農機具などは農協を利用しています。共済保険にも入ります。これが一番いい組合員です。まずい米をどんどん農協に出荷している組合員は、農協にものすごく迷惑をかけています。そういう組合員が多いから農協の米は売れなくなるのです。私の予想だと、全農は将来、米の販売をやめるでしょう。利益が出ていないからです。ただ肥料や農薬、あるいは資材などの商売はやめられないので赤字でも続けると思います。

経営不振の生産法人を引き受ける

それともう一つ、グリーンファームがあります。これは平成二〇年から私が経営に参画しています。会社そのものは平成三年からありますが、前の経営者が放漫経営で普通なら倒産して当たり前の会社でした。元々ここの場所は、秋田県の営農大学校があった土地で、すべて県の所有です。その約六〇㌶を無償で借りてやっていたのですが、放漫経営というのは無償で借りていても赤字になります。三、〇〇〇万円も債務超過があってどうしようもないので、私は倒産させたほうがいいと言いました。農協だとか金融機関からの借金もありましたので、一旦ゼロにしてから新しい経営者を探したほうがいいと進言しました。しかし県が指導した法人が倒産すると県の面子に関わるということで、あちこちに声をかけ、しかし、誰もやる者がおらず、私に声がかかりました。私も最初は断りましたが、結局、平成二〇年に始めたのがこの大野台グリーンファームです。

グリーンファームの借金は五年で全額返済し、今は黒字経営です。ここでは米は作っていない会社です。一〇〇坪のハウスが六八棟くらいあり、そこでホウレンソウ、小松菜、ジャガイモ、キュウリ、ブロッコリーなどを作っています。私が行くまではこれも全部、単協・全農経由の販売方法だったんです。私は単協、全農ルートを一部やめました。

私が入った時、赤字経営で倒産しそうだから「借金を棒引きしてくれ」と農協に頼みに行きましたが、組合員は皆平等なので、あなたの所だけそうする訳にはいかないと、一切聞く耳を持ってもらえませんでした。そういうことならば代わりにうちも販売方法は変えますということで、それから農協経由の販売は全部やめて、出荷は隣町のカット野菜の工場にしました。値段はもちろん契約です。六八棟もハウスがあるので、うちの会社がホウレンソウを出さないと市場相場が上がります。安い時には出さないようにし、相場が上がってから出すのです。例えばホウレンソウであれば、一袋七〇円を切ったら出荷しないで全て加工用に回します。今は、ブロッコリーはもちろん、大豆の有機栽培、これは全部埼玉と静岡の会社に契約販売しています。米でも話をしましたが、値段の決まっていないものは種を播かないというのが基本で、これは野菜も同じです。

農業経営は自分で責任を取る覚悟がいる

天候や収穫量によって価格が左右されるというのは、私は経営とは言わないと思っています。天候が悪かろうと、豊作だろうと、ある一定の安定した契約で取引をしないと従業員に給料を払っていけません。今年は米が安いから去年より給料を下げるという訳にはいきませんので、安定した経営をするためにも、きちんと値段を決めてから取りかかるというのが、一貫した経営方法です。

農業経営はもう、政策だとか農協だとか、人のせいにしている時代ではなくなったということです。自分の会社の経営ですから、自分できちんと責任を取る覚悟でやらなければなりません。

私どもの法人協会の会員も法人といえども、規模の大小はありますが、人のせいにするばかりでなく、しっかりとした考え方を持ってやらなければなりません。ましてやＴＰＰで海外から圧力がかかってくる時代です。もう一度、この政策転換の機会に自分の経営を見つめ直し、人のせいにし続けるならやめたほうがいいと私は思います。駄目な人がやめないから、農業全体が悪くなっていくのです。

農業界で新陳代謝が進まない原因は、年寄りがいくつになってもやめないことです。これが若い人が増えていかない最大の原因です。普通の会社であれば六〇歳か、長くても六五歳ぐらいで定年になり、若い人が入ってきます。ところが農業は七〇歳でも八〇歳でも、田んぼの畦で倒れでもしない限り、辞めない人が多くいます。そういう現場には若い人は入って来ません。従って、本当に若い人を取り込んでいこうと思うのであるなら、ある一定の年齢になったら、経営を引退することが必要です。私は始める時、四五歳の親父を辞めさせました。今うちの会社の社員は、平均年齢が三〇代です。そうやって若い人を取り込んでいくことをしないと、農業は活性化していかないと思います。

先日、地元で市会議員の先生方が集まって、地域の担い手、後継者問題をどうするかという話し合いに行ってきました。「一番の原因はあなた方にある」と私は言いました。市会議員の先生も、自分の田んぼを五ヘクタル程度持っていたりしますが、その息子は市役所の職員で、そのお嫁さんは農協の職員です。自分の息子を公務員にしておいて、地域の農業をどうするかなど、可笑しな話です。自分のことは棚に上げて、地域のことは人任せでは絶対によくなりません。

余談になりましたが、ここで話を終わります。どうもありがとうございました。

（ふじおか　しげのり）

〈質　疑〉

―― 米の直接支払交付金が一万五、〇〇〇円から七、五〇〇円になります。ご自身の経営を含めた稲作経営の影響をどのようにお考えでしょうか

藤岡　半分になるというのは、やはり大規模経営にはショックです。一万五、〇〇〇円が入ってくる前提で経営計画を立てている人にとっては厳しいです。

稲作経営の実態を見ますと、それがあって、初めて経常利益がプラスになるような経営が多くあります。営業利益が赤字でも、戸別所得補償やその他の補償金が入って経常利益がプラスになるというケースが多いので、もう一度経営の中身を見直す必要があると思います。もちろん販売価格の影響もあります。たまたま去年は高かったですが、これから高くなる可能性は、私はないと見ています。

米は現在八〇〇万トン近く消費されていますが、五年以内には五〇〇万～六〇〇万トンでも間に合う程度まで、消費が減っていくと思います。無駄な税金を使って消費拡大運動などをやっても、意味が無いです。食べたくないものを無理に食べさせる必要はありませんので、どんどん減ってくるのはやむを得ないでしょう。それよりも自分のところの経営を抜本的に見直す必要があるのではないでしょうか。

―― 農政大改革の背景には、経済界の農業参入などがあると思います。本当のところ、

農業に対して企業は何を考えていると思いますか。

藤岡　色々な企業の人にも聞きましたが、真剣には生産に関わろうとは思っていない、と私は思っています。イオンも農業生産をやっていますが赤字です。ヨーカドーは地元の農協と組んでやっていますが、あれはまた別の形態です。企業が積極的に農業に関わってくるとは思いません。

現行の制度でも、やろうと思えば現地に生産法人をつくって、そこに役員を住まわせてやれば、わざわざ生産法人要件を緩和しなくても出来るんです。ですから私は、本気でやろうとは思ってない、と見ています。田舎のほうのちょっと農道が良い所の農地を取得できれば、将来は何かに転用できると考えているのではないでしょうか。都市近郊なら店を建てるとか、何かの工場用地に使うとか、むしろそちらのほうがメリットが大きいです。一生懸命トラクター用意したりして、一年に一回しか収穫できないような回転の悪い、利益の少ないものを、あの大企業がやるでしょうか。広告宣伝の一部としてはやるでしょうけど、そんなに真剣に考えているとは思えません。

ただ、一つ考えられるのは、地域の大規模な農業法人などと組んでやる可能性は高いと思います。そして現在、米であれば農協が集めて、卸しから米屋などに回っている、この中間の流通に大きくメスを入れる可能性は十分あります。その流通コストを下げないことには米の原価は下がりません。ここ一年くらいから、地方の大規模な法人に色々な企業からオファーが来ています。そこと組んでやろうということです。遅かれ早かれ卸しがいらなくなる時代が来るのではないでしょうか。これは野菜の市場もそうで、直接仕入れるような時代になると思います。

そういう意味で地元の生産法人と組む可能性はありますが、企業が自分の所でわざわざ積極的にトラクターを買ってやるとは、私は思えません。

――藤岡さんのお父様は、どのような規模で、どのような作物を作っていたのでしょうか。また、ご自身は若い頃に登山家を目指したり、耕うん機で日本一周するなど色々チャレンジしておられますが、それらは何がきっかけだったのでしょうか。

藤岡　私が就農した時、父は二・七㌶くらいをやっていましたが、それだけでは成り立たないので、冬場は出稼ぎに行ったりしていました。あの頃の二・七㌶はそれなりの面積で、今の平均耕作面積よりも若干多いくらいです。

何しろ、電気もないような山間地です。うちの先祖はもしかすると何か悪いことをして、そのような奥地に逃げて行ったか、追われて行ったのではないかと思っています。そこに一六歳までいました。

山へ登ったりしたのは、たまたま高校で入ったクラブが山岳部でしたので、そこで一生懸命やっているうちに、山に取りつかれたからです。高校卒業後は、長野県の松本の上高地に入って、山登りに明け暮れました。長野にいる頃はヒマラヤにも行きました。

その後、耕うん機で回ったというのは、山ばかり登っていて俺の人生はこれでいいのかと、ふと考えたのがきっかけです。それから耕うん機の後ろのトレーラーに幌をかけて、そこで寝泊まり出来るようにしました。最高時速一五キロ、平均時速は一〇キロ、一日中走っても八〇キロから一〇〇キロが精一杯です。それで長野県を出発し、南は鹿児島県、北は北海道利尻の島まで行きました。一年一〇カ月、バイトもしながらやっていました。そしてうちへ帰って、農業をやった訳です。

だから昔から、馬鹿だったんですよ、私は。今でも相当変わっていると言われますが、私は当たり前だと思っているんです。昔から可笑しかったんです、そういう意味では。

―― 売り先のない米は種をまかないというところで、生産量が予定数量に満たなかった場合のリスク管理はどのようにされているのでしょうか。それから、「地域限定ブランド米」というのは商標登録をしているのでしょうか。

藤岡　平成九年に始めて以降に大きな不作というのはありませんが、多少収量が落ちる場合はあるので、地域の、同じ農業をやっている仲間に、万が一の時には米を分けてもらう可能性があると、予め話しています。後は地元の農協がリスクに備えています。あまり農協と敵対していると、それが出来なくなりますので、そこは仲良くやっています。

商標登録についてですが、これはあくまでも商品名です。品種は「あきたこまち」、商品名を「あいかわこまち」としています。今は合併して北秋田市になりましたが、合併前は合川町でしたので、地元の名前を取っています。これはうちの会社が、平成一二年頃に商標登録を取っています。

――農業者の所得倍増や輸出の拡大などを公表していますが、そういう国が行う政策の広報のあり方について、どのようにお考えでしょうか。

藤岡　所得倍増も、そうなれば非常にいいことです。業種にもよると思いますが、特に米に限って言えば、所得倍増にはならないと思います。所得半減になる可能性はありますが、倍増は難しいでしょう。

今回の政策にもよりますが、かなり小規模、中規模辺りの人たちが、稲作をやめていく可能性があります。誰かがやめない限りは、規模拡大は出来ませんので、限られた農地で大規模経営をどんどんつくっていくのだとすれば、やはり誰かにやめてもらわなければいけない。それをどうやってうまくやめさせていくのか、というのが非常に大事だと思っています。

私は地元では「これから、米はもう終わりだ」と言っているんです。もう稲作には、将来はない。そうやって話をしながら、だんだんやめてもらうようにしています。誰かがやめていかなければならないのです。

輸出に関しては、うちの法人協会も、先日、ジェトロと業務提携を結びまして、輸出をやろうとしています。米は別としても、他の物で個々にやっている人もいます。米の輸出となると、確かに内外価格差は縮まってはきましたが、依然として高いです。一部の富裕層に売るならいいでしょうが、ある一定の量を売るには、まだ少し早いと感じます。特に中国の場合は燻蒸の問題もあって、なかなか自由に販売できません。

私は輸出の倍増よりも、むしろ今まで稲作の技術を培ってきた現場からリタイアした六五歳以上の人が、ミャンマー、ベトナム、タイなどの東南アジアへ行って、米を作るべきだと思います。協会の会員で行っている人も何人かいます。日本の米作りは若い人に任せて、年寄りは東南アジアで米を作る。私はこれが理想的だと思います。暖かいし、あまり金もかからないので、アパートを借りて、メイドさんを二人くらい置いても、年金で十分やっていけます。確かに輸出も大事ですが、向こうで作るというのも非常に面白いと思います。

―― 中間管理機構には批判的ですが、現在のシステムがベストだというお考えなのでしょうか。現在のシステムを変えたほうがいいというお考えはありますか。

藤岡　今でも農地保有合理化事業などがあり、うちはそれを使って集積しています。いわゆる条件のいい平場の場合は、中間管理機構がなくても、十分農地は流動化しています。

問題があるのは、中山間地の農地になかなか借り手がない。動かない所です。今の政策を見ていますと、受け手がない所は借りない、一旦借りて、整備をしても借り手がいない場合は返すと言っているんです。それでは中間管理機構の意味がないと思います。

最初に中間管理機構の話が出てきた時には、いわゆる遊休農地を出さないようにする、遊休農地の解消にも機能する、という非常にいい説明だったのです。ところがだんだん後退してきて、やりやすい所だけやると言っています。平場の農地は、中間管理機構があってもなくても動くのではないかと思います。

――同じ秋田県であきたこまち生産者協会とか、宮城の「舞台ファーム」などが連携して組織をつくりました。個別生産者というより、むしろ流通業の方たちが連合をつくる。このことをどうご覧になっていますか。

藤岡　私も設立総会の案内をいただいて、協会の来賓として行って来ました。そこには二五〇人くらいが集まっていましたが、実際に参加しているのはまだ七人です。秋田県ではこまち協会の涌井さん一人、あとは宮城県、岩手県の人です。

そもそもの発端は「アイリスオーヤマ」が「舞台ファーム」と組んで、宮城県で精米工場をつくり出したことです。もちろん「アイリスオーヤマ」ですから販売ルートはありますが、一定の量を集めないといけないということで、あのような動きになったのではないでしょうか。私は批判する立場ではありませんので、非常にいいことだと思います。ただ果たして、どのぐらいの人が参加するのかというのが、まだ分かりません。

――ご自身は参加されるおつもりはないのでしょうか。

藤岡　私は参加しません。私が作った物は、私が売ります。

――私のイメージでは寿司米はササニシキですが、藤岡さんの所はあきたこまちですね、寿司に対する食味が変わってきたとお考えですか。

藤岡　私は今でもベストはササニシキだと思っています。うちのほうでもササニシキを植えた経緯はあります。しかし平成五年の冷害の時に、大発生したいもち病に非常に弱かったことから、宮城県も秋田県もほとんどなくなりました。最近はいくらか復活してはいますが、ベストはササニシキだと、今でも思っています。

営業に行くと、「寿司には、こまちは粘りが強過ぎる」という店が多いです。そこは水を少し少な目にして、炊き方を変えて使うようにと提案しています。

――大規模な農業法人がＴＰＰを見越し、ベトナムで稲の試験栽培を始めているという新聞記事を読みました。外国で稲を作るというお話がありましたが、これらについてどう考えているのかお聞かせください。

藤岡　米はイタリアなど一部ヨーロッパでも食べられていますが、一番消費が多いのは東南アジアです。日本は人口減少傾向ですが、東南アジアはまだまだ人口が増える可能性があります。

それから中国です。この国はこれから、米の輸入国になっていくと思います。そういう面から考えると、中国に近いベトナムやタイなどから、日本向けではなく、中国やインドに向けて輸出することで、商売が完結できるのではないかと思っています。海外で作って、海外へ売る、ということもありではないでしょうか。

既に何人か行っていますし、農機メーカーのクボタやヤンマーあたりもかなり力を入れています。そういったことで、メーカーなどとも協力しながらやれば、あちらはまだまだ機械化もこれからですから、日本の水田農業の機械化や栽培を、物だけでなく技術を売っていけると感じています。

――そうしますと品種には、インディカからジャポニカへの変化が見込めると考えていいのでしょうか。

藤岡　向こうはインディカ米が中心ですが、今、海外では日本の中粒種の人気度が高いです。ですから栽培だけではなく、炊飯や料理など、食べ方までセットで売っていけば可能性はあると思います。

海外で日本の米の良さを広げれば、日本からも輸出できるようになるのではないでしょうか。私は海外で広めるのが先だと思っています。

――日本の米文化を広げるということですね。

藤岡　そうです。日本食を向こうで食べてもらって、需要が増えれば、それにともなって日本からも輸出できるのではないでしょうか。

――経営の法人化というのは、今後もまだまだやっていかないといけないのでしょうか。将来的には法人かどうかは関係なくなるのでしょうか。

藤岡　根本的には、法人になったからどんどん儲けが出るという訳ではないと思っています。個人であれ、法人であれ、経営という面では変わらないと思います。ただ一つ言えるのは、私がなぜ平成九年に法人化に踏み切ったかと言うと、自分一人や、あるいは家族でやるのは面積に限界があるからです。人を雇用しなければいけなくなるのです。

雇用ということを考えた時、やはり会社にして社会保障制度を整えるというのが、若い人を農業に引き込む入り口だと思いました。忙しい時だけ来てもらって、後は休んでもらうということでは、若い人は育たないと思っています。

法人化の最大の理由は社会保障制度を整えることです。そして少なくとも、同年代の地元の農協職員と同じような待遇で採用します。そのためには個人経営では無理があります。特にうちの場合は田舎でやっています。だんだん規模が大きくなってくると、何故あの人の所だけ田んぼが集まってくるのかと、決して喜ばれません。それをどう解消するかと考えた時、地元の若い人を採用しようと思いました。そうすることで、自分のうちだけでやっているのではなく、若い人たちを採用して地元の雇用に貢献していることを示せるからです。

夫婦二人と息子夫婦二人の四人でやっている所もあります。そういう所の規模が大きくなると、周りから、「なんだ、あそこのうちだけボロ儲けじゃないか」と見られます。田舎では、規模が大きくなることは決して喜ばれないのです。そういう面も考えて、敢て法人化しました。そういう面では、私はまだまだ法人化は進むと思います。

一つ心配されるのは、集落営農の法人化です。そのメンバーは六五歳を過ぎた高齢者が中心です。そこに若い人もいればいいのですが、集落営農の法人化は将来が心配です。

―― 最適の規模はどのくらいでしょうか。現在の経営は何筆ぐらいに分かれていて、面としてはどのくらいの大きさですか。それから、ある程度大きくなった法人が米価下落などに耐えられずに倒産した場合、一気に巨大な耕作放棄地が出る可能性があります。そこはどのようにシナリオを描いていらっしゃるのでしょうか。

藤岡　適正な経営規模というのは、地域によって違うと思います。うちの地域では一つに約二〇㌶程度です。例えばトラクターや田植機などの機械をワンセットで、効率よく夫婦二人くらいでやれるのは二〇㌶程度だと思います。

分散錯圃の問題があって、一箇所にまとまればいいのではないかという話もあります。北海道などの畑作の場合は、一箇所にまとまったほうが効率がいいと思いますが、水田の場合は水利の関係がありますので、例えば一箇所に二〇㌶も三〇㌶もまとまっていると、そこへ春の代掻きの頃に水を入れようとすると、他の人に水をやらないで全部自分の所に引っ張って来ないと、なかなか難しいことになるのです。

うちの地域で言えば、大体二㌶から三㌶、田植えや稲刈りが、一日仕事で出来る程度が良いと思います。そういうのが何箇所かあったほうが、結構効率的でいいと思います。

もう一つは災害のリスク分散です。同じ水系の川のそばに全部の田んぼがまとまっていると、例えばそこで、洪水が起きて川が氾濫した場合、そのすべてが駄目になります。そういう面では、水害の危険性のない所、同じ地域でも水路が違う所に何箇所かあったほうがいいと思います。

一番大事なのは、経営規模を拡大していった時に、そこで利益を上げるビジネスモデルをつくれるかどうかです。やみくもに規模を拡大して、設備投資がどんどん増えていくと、必ずしも利益が上がるとは言えません。自分の所に合った最適な規模で、販売方法やコスト削減を考える必要があります。

今までの水田農業というのは、販売にはほとんど無関心で、「農協にお任せコース」でした。販売を全部任せるのは一番悪いのです。いくらで売れるかは要ですので、規模が大きくなるほど、そこはしっかり取り組む必要があります。

これからは大規模な稲作法人が、倒産する可能性は大いにあります。そこを狙っているのが今の企業です。むしろそういう所には、資本力で入ってくる可能性があります。ですからこれからは、われわれ法人もそうですが、合併とか業務提携などで資本力や体力をつけておかなければなりません。

――米の需要が減り、生産量を減らさざるを得ない現状ですが、それでも水田の面積を維持するため、エサ米に対して補助金が出されます。これは本当に持続性があるのでしょうか。水田の維持という観点から見た場合に、今の減反の仕組みや、今後の変化に妥当性があるのかどうか。ご意見をお聞かせください。

藤岡　減反制度というのは、一九七〇年から四三年もやっています。確かに生産量の多いものは生産抑制する、というのは農業界に限らず当たり前のことですが、それは役所が上から強制するものではないと思っています。かつては農協が中心でしたが、自らが自分たちの手で生産を調整しなければならない。しかし、それが出来なかった。お上から言われ、それに従っていたというのは、大きな間違いだったと思います。そういう面では、今の飼料米の生産を煽っているのも、昔の方法と何ら変わりありません。

米だけでなく野菜もそうですが、例えば米であれば食べる側、飼料米であれば畜産など、使う側からのオファーがあって初めて物を作るという仕組みに変えていかないと、ただ生産を煽るような制度では、決して長続きしないのではないでしょうか。

つまり市場が求める物を作ればいいのですが、今の日本の農業はそういう仕組みになっていないと思います。農林水産省もその辺を根本的に考えなければいけないのではないでしょうか。

―― 消費に合わせた生産が基本だと考えるなら、補助金で無理やり需要を作り出して水田の面積を維持しても、結局長続きはしないとお考えですか。

藤岡　今の耕作放棄地の問題もそうですが、戦後の食糧難の時はどんどん開墾しながら、山の方まで田んぼや畑をつくって、今の農地があるのだと思います。当時は食べる物がなかったので、作らなければいけなかった訳です。

ところが今は色々な食べ物があるので、消費がどんどん減ってくる。それならばかつて開墾したような所は、もう一度山に戻してもいいのだと思います。もし将来また食糧難になれば、木を切ってまた開墾すればいいのです。今、山間部と言われているような山の農地を無理して守ることに意味があるのでしょうか。自然保護という面から考えても、むしろ山に戻すほうがいいのではないでしょうか。

ですからもう一度、そこの区分けをやるべきだと思っています。全部守ろうとすると、必ず無理が生じてきますし、それ相当の財政負担もついてきます。誰もいないような所に、国土保全という意味でお金を出すのには、限界があると思います。将来的に食料が足りなくなった場合にはまた開墾するだけなので、そういう柔軟な発想があってもいいのではないでしょうか。

――稲作り以外に販売事業もされているということですが、米以外の部分の原料も自社で生産・加工をされているのでしょうか。それから労働力の配分について、生産、加工、販売の部門にそれぞれ専任で配置されているのでしょうか。

藤岡　会社概要に書いてありますように、水稲以外にも切り餅、味噌、発芽玄米、うどん、いぶりがっこなどを販売しています。切り餅と味噌は、原料はうちで作っていますが、加工は委託しています。基本的には、自分の所で加工までやろうとは思っていません。

現在、国が進めている六次産業化を否定はしませんが、本格的に加工までをやろうと思えば、農家が片手間で加工した物というのは、大手のスーパーやデパートからは当てにされていません。

うちの場合は餅も味噌も、原料は生産しますが加工は委託です。うどんや漬け物は、仲間の業者から仕入れて販売しています。自社で加工所などは一切持っていません。地元でも補助金を使って加工所をつくっている所もありますが、二～三カ月使って、後はほとんど休んでいる程度の稼働率です。補助金があるからそれでもいいのでしょうけれども、普通に考えれば赤字です。

他の加工業者と組んで六次産業としてやるのは、大いに賛成です。自分の所でこじんまりとやっても、それほど良い物は出来ないと思っています。

労働の配分については、東京に営業担当が一人、事務員が一人、それ以外はすべて生産に関わっています。

―― 主食用米を減らしてエサ米を増産しても、結局は主食用米のマーケットのほうに流れていき、価格が下落する可能性があると思います。今回の減反政策の見直しによって、国が考える大規模へのシフトではなく、小規模も、大規模ともに総崩れになっていくのではないかと危惧しています。日本の稲作農業は、この三年～五年後にはどのようになると思われますか。

藤岡　非常に難しい問題だと思います。現在の経営安定対策が来年から七、五〇〇〇円になります。恐らくここで転作制度から抜けていく人が出てくるでしょう。減反に反対して村を二分した大潟村は、三年半前の民主党政権の時の一万五、〇〇〇円が出るという政策で、九八％の人が参加しています。二分した村が四〇年ぶりに一つになりかけていますが、これが

七、五〇〇円、五、〇〇〇円、やがてはゼロとなっていった時、また主食米を作るという人が増えてくると思います。

そして過剰になると、必ず値段が暴落します。そこでまたＪＡグループが、国に圧力をかけて隔離政策でも取れば別ですが、そうでない限りは暴落した後、農家は相当淘汰されていくでしょう。私は一度、ここで大きな変革をする必要があると思います。日本の農業政策というのは、つまり米政策なんです。他の畜産農家、野菜農家などは、はるか以前から自立した経営を努力しながらやってきたのです。守られていないからです。

今の日本の農業をどうするかということは、まさに水田農業をどうするかということにかかっています。これから始まる七、五〇〇円と、飼料米への加算、これも小手先の政策にしか見えません。自民党は農家の有権者に、将来の日本農業を考えたら、ここはこういう政策を打つ必要がある、ということを説得出来るような政治をしなければいけないと思います。

選挙が近づいてくると加算金を増やしたり、今まではずっと、そのようなやり方でした。そういう小手先の農業政策はそろそろ卒業して、批判は受けども、将来の日本農業のために我慢をしてもらわなければいけないという、厳しいこと言えるかどうかです。私はそれにかかっていると思っています。

（二〇一三・一一・二五）

農政の焦点Ⅰ

米価下落で迷走する米政策

会員　村　田　泰　夫

米価の下落で、米政策がふらついている。米の直接支払交付金を減額した矢先に、今度は減反を超過達成した都道府県に対し産地交付金を追加配分することにした。減反を廃止する方向にもっていくはずの農水省が、減反強化に急に舵を切った訳だ。米価下落に何らかの対策が必要なことは分るが、時代に逆行する農政のふらつきは、禍根を残すことになりかねない。

平成二六（二〇一四）年産米の米価の下落は、「概算金ショック」と言われている。概算金とは、農家からお米の販売を委託された農協が、生産者農家に支払う仮渡し金である。実際に販売できた価格から農協の手数料などを差し引き、その金額が概算金より多ければ農家に追い払いをする。だから、本来は内金なのだが、おおかたの農家の認識は、出来秋に手にする「手取り米価」である。

全国各地の農協が示した平成二六年産米の概算金によると、一俵（六〇キログラム）当たり、一万円を超えた銘柄は、新潟コシヒカリ、富山コシヒカリ、山形つや姫、北海道ゆめぴりかなど一三銘柄にすぎなかった。その他の約五〇銘柄は、軒並み九、〇〇〇円台から七、〇〇〇円台にとどまった。新潟コシヒカリは前年産より一、七〇〇円（一二％）安い一二、〇〇〇円だったが、同じコシヒカリでも関東産は前年産より二、五〇〇円〜三、九〇〇円（二三％〜三三％）も安い八、〇〇〇円から九、〇〇〇円台の水準に下落した。

政府による米価市場への介入は禁じ手

一方、農協から米の卸会社に販売される「相対販売価格」も平成二六年一〇月現在で前年産より約一七％安い約一万二、二〇〇円だった。この価格は言わば「表示価格」で、実際にはもっと値引きして売られている。当然、小売りの値段は下がっている。銘柄米の代名詞的存在である新潟コシヒカリでさえ、五キロの袋詰めで二、〇〇〇円割れは当たり前である。この概算金と相対販売価格との差額が、農協の手数料などの諸経費となる。一俵当たり二、〇〇〇円前後になるが、この農協に差し引かれる諸経費は一俵＝二万円以上していた時代とあまり変わらない。

「低米価時代なのだから、農協の手数料をもっと下げて概算金を上積みすべきだ」という意見が出てくる背景は、ここにある。

「もう米づくりを続けていられない」「米価下落に歯止めをかける政策を農水省は打つべきだ」という、当然、稲作農家から悲鳴の声が上がった。米の価格が大幅に下がってしまえば、農家の収入が大きく減る。やる気さえ失わせてしまう。稲作農家の心情は察するに余りがある。

価格下落の直接の原因は、前年産の米が売れ残ったことだ。民間の流通在庫（平成二六年六月末現在）は過去最高水準の二二二万トンに上った。背景には消費者のコメ離れがある。

早速、農業団体からは「価格の安定」を求める声が出てきた。しかし、打つ手がないのが実情だ。米穀安定供給確保支援機構（米穀機構）は平成二六年八月、市場から主食用米を三五万トン買い上げたが、焼け石に水で、下落の歯止めにもならなかった。

政府は米の価格を操作する市場介入はやらないと明言している。平成一九（二〇〇七）年秋、米価が下落した時、備蓄米として市場から余剰米を買い上げ、政府が事実上の市場介入をしたことがある。しかし、政府は二三年度から米の備蓄制度を棚上げ備蓄方式へ変更。備蓄米の買い入れに当たって市場価格に影響を与えない方法に変えてしまった。いまや米価をつり上げるための市場介入を政府に求めることは「禁じ手」になっている。

突然の総選挙で求められた米価対策

安倍晋三内閣が平成二六年暮れに突然、解散・総選挙に踏み切ったため、この米価下落が総選挙の争点の一つになった。米価の下落は農村に暗い雰囲気を醸し出す。与党・自民党は米価の下落に歯止めをかける妙案を農水省に求めた。一方の野党は、「米価下落は与党の米政策の失敗だ」として攻勢に出た。とくに民主党の鼻息が荒かった。稲作農家の中に「民主党政権時代の米政策の方がよかった」という声が根強くあるからである。総選挙の結果は、自民党の大勝に終わったが、下落した米価対策に限って言えば、民主党の評判は良かった。

民主党政権は、戸別所得補償制度を導入し、米については生産調整に協力する農家に、一〇アール＝一万五、〇〇〇円の「米の直接支払交付金」（固定支払）を支給したうえ、仮に米価が平均的な販売価格を下回った場合には、その差額を補填する「米価変動補填交付金」（変動支払）制度を設けた。これは事実上の最低価格補償制度であった。もしこの制度が続けられていれば、米価がいくら下落しても、一俵＝一万三六六〇円を補償されていたはずだった。ところが、自民党政権になって、米の所得補償制度が大幅に縮小されてしまった。固定支払が半分に減額されたうえ、最低価格補償だった変動支払が廃止された。

米価対策として農水省が考えたのが、過剰米の市場からの隔離である。価格下落の原因の一つに「売り急ぎ」がある。先行き米価が下落すると予想する生産者が多ければ、早い段階で売ってしまおうという心理が働くのは当然である。そこで米穀機構に協力してもらって、産地が二〇万トン規模の米を翌年の一一月下旬まで出荷せず、倉庫に保管してもらうことを考えた。事実上の市場隔離だが、政府による米の買い上げという直接的な市場介入ではないところが「ミソ」である。

でも、その効果は限られていた。米価下落対策の決め手として、農水省が打ち出したのが、事実上の「減反の強化」である。農水省は平成二七（二〇一五）年産の主食用米の生産数量目標を前年産より一四万トン少ない七五一万トンとすることを決めた。米の年間消費量は毎年約八万トンずつ減っている。なのに、一四万トンも生産量を減らすのは、前年の生産量が六万トン多かったので、その分も加えたためである。

さらに、二七年産米の生産数量目標の設定（いわば減反目標の設定）に際して、「自主的取組参考値」という超過達成目標値を導入した。いわば「減反強化枠」で、その数量は一二万トンにのぼる。表向きの生産数量目標は前年産より一四万トン少ない七五一万トンだが、政府としては二六万トンも少ない七三九万トンに生産量を抑えることを希望しているというメッセージを生産者に伝えた訳だ。この自主的取組参考値という超過目標値を達成した都道府県には、産地交付金を一〇アールにつき五、〇〇〇円追加配分することにした。

半減した「固定支払」を事実上の復活

減反目標を超過達成した場合に支払われる産地交付金の追加配分は、自民党政権が平成二六年度から半額（一〇アールにつき七、五〇〇円）に減らした「米の直接支払交付金」（固定支払）の事実上の復活と解釈できる。「米は高い関税率で守られているのだから、米の所得補償交付金はいらない」と言うのが、当時の政府・与党の説明だった。激変緩和のための経過措置で二六年産米から四年間は半額を支給するが、一〇アール＝一万五、〇〇〇円という固定支払は平成三〇年産から廃止することになっている。しかも、「五年後（三〇年産から）を目途に、行政の生産数量目標の配分に頼らずとも、需要に応じた生産が行えるようにする」として、事実上の減反廃止を打ち出していた。

二七年産米の生産数量目標は、米の供給量（生産量）を大幅に減らして、米価の下落に歯止めをかけることをねらった米価対策である。政府は三〇年産から「生産数量目標の廃止」と、数量目標達成のメリット措置である米の直接支払交付金（固定支払）の廃止を決めていた。今回の決定は、そうした米政策の流れに逆行するものである。

米価の急激な下落は、稲作農家の中でも特に「担い手」といわれる大規模経営体に大きな打撃を与える。そこには何らかの米価下落対策が必要である。しかし政府が市場に介入すると、市場からしっぺ返しを受けることは、長年続けてきた減反政策の効果がなかったことで承知しているはずである。

米の価格は市場の需給に委ねるしかない。とはいえ、「米価暴落」もありうる市場の動きに無防備では、米の販売収入の激減で担い手が脱落する恐れがある。そうした事態を避けるためにセーフティネットが不可欠である。例えば、収入保険制度や直接支払制度などで、担い手の経営を支えるのである。小手先の米価対策ではなく、恒久的に農業や農村を支える支援策が必要なのである。

米価の下落というピンチをチャンスに

稲作農家が自ら取り組める対応策はあるのだろうか。無い訳ではない。農業者の所得は、「販売価格×販売数量—生産コスト」である。販売価格が下がっても販売数量を増やせば、価格下落分を補うことが出来る。また、生産コストを引き下げれば、価格が下がっても農業者は所得を確保することが出来る。機械化の進んでいる稲作は、経営規模が大きいほど生産コストが低い。一俵当たりのコストは、〇・五㌶未満の零細農家では約二万二、七〇〇円なのに対し、五㌶以上層では半分以下の一万一、二〇〇円で済む（平成二二年産）。稲作のような土地利用型農業では、やはり規模の拡大がコスト引き下げに直接結びつく。米価の下落は、個別の農家には痛みを強いる事態なのだが、一方で、零細農家のリタイア促進→農地の流動化加速→稲作農業の規模拡大→構造改革につながるきっかけになるかもしれない。

　また、米価の下落は米の市場の拡大につながる。米などの主食は価格弾性値が小さいと言われる。価格弾性値とは、価格が下がると割安感が出て販売数量が上がり、逆に価格が上がると、割高感から販売量が下がる現象を言う。米のような主食は、価格が高くなっても食べざるを得ないし、逆に安くなったからといってたくさん食べる訳ではない。だが米の販売動向を分析して見ると、販売数量は価格に左右される。米の値段が上がると米を食べる回数を減らして、パンや麺類を食べる回数を増やす。逆にパンの値段が上がると、米を食べる回数を増やす消費者が増える。

二〇一二年産の米価が上がった時、どうしても米を使わざるを得ない牛丼屋などは、丼に盛るご飯の量を減らしたり、米国産など外国産米を混ぜたりした。家庭ではお米を食べる量が減り、「コメ離れ」に拍車をかけた。今後、お米の値段が下がれば、米のご飯をたくさん食べてくれることが期待できるのだ。「コメ離れ」という大きなうねりに歯止めをかけることは出来なくても、国内市場での米の消費減退のスピードを抑えることは出来るかもしれない。

一方、米価の下落は、品質ではぴか一の日本産米の輸出に道を開く。一俵＝一万円を切り、七、〇〇〇円から八、〇〇〇円台になれば、米国産や中国産の高品質米と十分競争できる価格水準になる。日本産の農産物で「特産品」と言えば、実は米である。高品質な産品を大量に安定的に生産し供給できるからだ。おいしいという品質面では折り紙つきの日本産米に、価格競争力が付けば「鬼に金棒」である。

生産調整（減反）で生産を縮小し、高価格で農業所得を支える「守り」の姿勢ではなく、増産とコスト低減で価格競争力を増し、世界の市場に打って出る「攻め」の姿勢が、日本農業の再生につながるのである。

（むらた　やすお・元朝日新聞編集委員）

農政の焦点Ⅱ

安倍政権の政治手法は強権的か民主的か

――農協改革が分水嶺

会員　内田英憲

昨年末に行われた衆院選は「大義なき選挙」と言われたが、圧勝した安倍自民党が余勢をかって断行しようとしている「農協改革」は「根拠なき改革」と言えそうだ。

二月九日、政府・自民党とＪＡ全中が「農協改革」の大枠（骨格）で合意した。全中を農協法から除外、一般社団法人に移行させ、監査部門を切り離すことなどが柱。現行の農協法上の中央会制度の廃止を主張し続けてきた安倍晋三首相の意向におおむね沿った内容だ。しかし、単位ＪＡの経営を縛っているなど全中を悪者に仕立て上げ、根拠を示さないままＪＡグループに受け入れさせた。国民受けする言葉で政策を推進するスローガン政治といえる。安倍政権が進める「農協改革」は、

ＪＡグループと農業・農村を危機に陥れるだけではなく、民主政治の危機につながりかねない。

衆院選で中断していた「農協改革」をめぐる政府・与党の調整は年明け早々に始動した。まず全中監査について農相が一月六日の閣議後の記者会見で、「今のところ強制監査権は持たないということで、これからの在り方を詰めていきたい」と述べ、単位ＪＡへの全中監査の義務付けを廃止する方針を表明。ただ一方で「強制権限を外すこととイコール農協の監査制度をやめることには、つながらない」と指摘。中央会監査と公認会計士監査のどちらを受けるか単位ＪＡが選べるようにする「選択制」の導入を示唆した。ところが同九日の閣議後の記者会見で西川農相は、単位ＪＡの監査は「あくまでも公認会計士の監査制度でやっていきたい」として、ＪＡの会計監査を公認会計士監査に移行する考えを示した。「選択制」を否定したのである。中央会制度の抜本改革への強い意向が官邸から農相に伝えられたとみられる。

政府はこれまで全中監査を評価し、規制改革会議などが公認会計士監査の導入を求めても農水省は拒否してきた。二〇〇七年一二月の衆院農林水産委員会で当時の若林正俊農相は「中央会における農協の指導と監査は車の両輪となって有効に機能している」と指摘。昨年九月の自民党の勉強会に同省が提出した資料には「（全中監査の）独立性は確保」「（会計）監査の質も確保」と記されていた。

その評価をなぜ転換するのか。西川農相は今年一月一三日の衆院農林水産委員会で「（ＪＡの）自由度を高めていかないと（農業者の所得を）上げようがない」と述べた。全中監査がＪＡの自由な経営を阻害しているとの見立てだ。昨年五月、政府の規制改革会議・農業ワーキンググループが中央会制度の廃止を提起した理由と同じだ。また菅義偉官房長官は、今年一月二〇日の記者会見で「(全中監査の)結果として農協役員に経営者としての自覚、責任感が薄くなりがちだ」と説明した。

しかし西川農相も菅官房長官も、そう考える根拠を示さなかった。日本農業新聞は一月下旬、全ＪＡ組合長を対象に、「中央会制度がＪＡの自由な経営を阻害していると思うか」と、「全中監査がＪＡ役員の経営者としての自覚や責任感を損なわせていると思うか」について尋ねるアンケートを行った。全六九四ＪＡのうち九五％が回答。その結果、「そう思わない」が前者で九五％、後者で九六％だった。安倍政権が挙げる中央会制度と全中監査の廃止の理由は空論にすぎないと言える。

「根拠なき改革」に猛進

また西川農相は昨年九月の農相就任以来、「農協改革」の目的について「農家の所得をどう上げ、農村のにぎわいをどう取り戻すか」と発言してきた。しかし今年一月二〇日に始まった自民党の農協改革等法案検討プロジェクトチームの会合で同党議員は、中央会制度と全中監査の廃止が農家の所得向上になぜつながるのか「(農水省から)説明してもらっていない」と発言。「農協改革」の大枠を受け入れた全中の萬歳章会長も日本農業新聞に「全中の一般社団化や監査の『外出し』が、どう所得向上や地域の活性化に結び付くのか具体的姿がいまだに見えない」と述べている。

根拠を示さないまま強引に政策を決めるのは、一昨年の米の生産調整の廃止論議の際と同じ手法だ。政府の産業競争力会議・農業分科会が生産数量目標の廃止を提起。これを安倍首相は「減反廃止」と位置付けた。しかし、同会議が理由に挙げた「農業の担い手が自由な経営判断や市場戦略を採っていくことを著しく阻害」との見方が正しいのかどうか、同会議も政府も検証しなかった。農業者にもそういう意見はある。しかし、大規模水田経営を実現し自由な経営判断を重んじてきた秋田県大潟村の農業者の九割超が生産調整に参加している。

理屈抜きで政策を決める手法は、農業政策の従来の決定過程と明らかに異なる。例えば、二〇〇四年産で始まった米政策改革は、有識者らによる農水省の研究会が〇二年に一年近く議論して取りまとめた。同改革は、「農業者・農業者団体が主役となる米の需給調整システム」（主役システム）への移行や担い手に対象を絞った経営安定対策の導入などが柱。一八年産をめどに生産数量目標の配分を止める今回の農政改革につながる政策転換だった。研究会は公開とし、国民から意見も募り、全国説明会も開催。官民共同で一年間準備して実施した。「主役システム」への〇七年度の移行の前には、それが可能かどうか識者らを交えて検証した。

そこまで慎重に進めても、過剰作付けの増加で〇七年産米の価格は暴落した。政府・与党は、米の政府買い入れや生産調整の推進強化など、米政策改革に逆行する対策に取り組まざるを得なかった。しかも同年の参院選で自民党は農村でも敗北した。米政策改革は生産者の理解を十分には得られていなかった。農業には地域性があり、生産者ごとに経営状況も異なる。農政の転換は、政策効果とともに現場への適応性と定着状況を検証しながら少しずつ着実に進めらなければうまくいかない。

安倍政権はなぜ「根拠なき改革」に猛進するのか。理由の一つは、中央会制度の廃止を規制改革の象徴に仕立て上げるためだ。今年二月一二日の通常国会の施政方針演説で安倍首相は「戦後以来の大改革に踏み出そう」と呼び掛け、真っ先に「六〇年ぶりの農協改革を断行する。農協法に基づく現行の中央会制度を廃止し……」と「農協改革」への決意を表明した。こうした文言を施政方針演説に盛り込むために与党との調整を急いだのだ。政策の中身よりも世論受けを重視する「スローガン政治」に陥っているといえる。

ただ、それが効果を上げているのも事実だ。「農協改革」に関するマスコミのアンケートでは、JAは公認会計士が監査すべきとの回答の割合が高い。多くは全中監査と公認会計士監査の違いを理解した上で回答したわけではないだろう。イメージで世論がつくられている。安倍政権が、経済政策で大企業の利益を優先していることも理由だろう。安倍首相は二〇一三年二月の施政方針演説で、「聖域なき規制改革」により「『世界で一番企業が活躍しやすい国』を目指す」と表明している。

JAグループも、安倍政権が進める今回の「農協改革」の狙いを、経済界の意向を背景に信用・共済事業の分離などを求めてきた従来の規制改革の議論と同様だと受けとめている。

規制改革会議の提言通りに中央会制度が廃止されればJAグループは制度的な扇の要を失う。J

A全農が株式会社化し独占禁止法が適用されれば共同販売や共同購入ができなくなる場合があり、事業面でもJAグループはばらばらになる。その上で准組合員の利用量が制限されれば、信用・共済などで准組合員の利用が多いJAは事業を分離するといった対応が迫られる。こうしてJAグループが弱体化すれば、企業は農業・農村ビジネスに参入しやすくなる、というシナリオだ。

問われる議会制民主主義

「地方創生」のスローガンとは裏腹に、地方の声を真摯に受け止めようとしない安倍政権の性格も背景にある。昨年七月の滋賀県知事選、同一一月の沖縄県知事選、そして今年一月の佐賀県知事選と、自民党が推薦した候補が落選。事実上、主要政党が相乗りしていない知事選で与党は三連敗した。自民党が大勝した昨年末の衆院選でも、地方を見ると、西川農相が小選挙区では敗北するなど自民党には逆風が吹いた。なかでも佐賀知事選では、与党候補が「農協全体を見直す必要がある」と発言。一方、佐賀県農政協議会が対立候補を推薦したことから、マスコミは「首相官邸対農協」という構図を描いた。しかし与党候補が敗北しても農協改革への安倍政権の姿勢は変わっていない。沖縄県知事選は、米軍基地の辺野古移設の是非が争点となり、移設反対派の候補が当選した。政府は移設への準備を着々と進めるだけでなく、政府要人は新知事との面会を避け続けている。

「農協改革」の大枠では、一つは二〇一九年三月までに全中は一般社団法人に移行するが、農協法の付則に「代表機能」や「総合調整機能」などの役割を明記する。二つは都道府県中央会は同年同月までに「連合会」に移行する。三つは全中の監査部門は外し、公認会計士法に基づく監査法人を新設、一般の監査法人との「選択制」とする。四つは新設する監査法人は会計監査と業務監査の両方を可能とする。五つは准組合員の事業利用量規制は見送る――ことなどとした。

政府は三月中に農協法改正案を国会に提出する意向だが、新たな監査法人が従来通り会計監査と業務監査の一体的実施や、公認会計士監査が義務付けられる中でJAの負担を増やさないようにするのかなど、不明な部分が多い。そもそも「農業者の所得向上」といった「農協改革」の目的との整合性もいまだ不明だ。「農協改革」は結着した訳ではない。農協法改正案を策定するための与党内の論議、さらに国会審議が控えている。農業関係の法案では与野党一致での修正は珍しくない。

JAグループ自身も改革の必要性を認識しており、昨年一一月に自己改革案をまとめた。これも踏まえ、目的に即し、制度をなぜそう直すのかJAの組合員や役職員、そしてJAの利用者でもある地域住民の理解を得られる改革となるよう国会議員には建設的な審議を期待する。議会制民主主義が機能していることを示すことにもなる。「安保法制」などとならび、日本の政治の分水嶺になるとの自覚を持って「農協改革」論議に臨んでほしい。

（うちだ　ひでのり・日本農業新聞）

農政の焦点Ⅲ

表面化したバターの不足問題

会員　合　瀬　宏　毅

一二月前のクリスマスともなれば、ケーキ店だけでなく、家庭でケーキを焼きたいという人が増えてくる。ケーキを風味豊かに焼くにはバターは不可欠で、一二月は一年でもバターの消費が多い月となっている。ところが二〇一四年はその最需要期にバターが不足し、大きな社会問題となった。

スーパーの店頭を見てみても、家庭用バターはほとんどの店で売り切れ状態。品物は入荷するものの売れるのが早く、店頭では一人一個、もしくは一家族に一個などとして数量を限定して販売対応している所がほとんどだった。一方業務用では、全国展開するケーキ製造会社などは乳業メーカーから優先的に納入してもらい、クリスマス分は確保したという所が多いものの、町の小さなケーキ店では家庭用と同様、不足感は解消されなかった。

品不足が一向に解消されないことから、買いだめに走る消費者も出始め、農林水産省では乳業メーカーに増産を要請するとともに、消費者に対してホームページに「Q&A」を掲載して事態の沈静化を図るなど、異例の対応をせざるを得ない状況に追い込まれた。

クリスマスの需要期に顕在化したバター不足だが、その兆しは以前からあった。二〇一〇年には一キログラム当たり一、〇五四円だったバターの大口需要者向け価格は、その後じわじわと上昇し、一四年一二月には一、三二一円と、四年間で二五％にまで値上がりした。この間、民間在庫は減り続け、ここ五年間で三万二、〇〇〇トンから一万五、〇〇〇トンと半分になっている。バターの年間消費量は七万トン程度なので、在庫は二カ月分もない計算となる。

バターの小売価格も値上げが相次いだ。雪印メグミルクは七月から家庭向け「雪印北海道バター」（二〇〇グラム）の希望小売価格を八円アップ、明治も八月から「明治北海道バター」（二〇〇グラム）を八円値上げし、三九三円とした。

事態の深刻さを察知した農林水産省では、通常のカレントアクセスに加え、六月に七、〇〇〇トン、九月にも三、〇〇〇トン、合わせて一万トンを追加輸入した。輸入を行う農畜産振興事業団では、一一月には追加輸入によるバターが市場に放出されることもあり、市場の出回り量は前年を上回り、バター不足は解消すると公表していた。

ところが一二月になっても、品不足は一向に解消しない。店頭からバターは消えたままで、その結果、消費者やマスコミが大騒ぎをする事態になったと言う訳だ。

バター製造は生乳の後に

今回、バターが不足したのには、いくつかの原因がある。農林水産省が説明するのは、まずは前年の猛暑だ。乳牛は暑さに弱く、猛暑になると乳の出が悪くなる。全国的に猛暑を記録した二〇一三年度は、乳牛に乳房炎等が多く発生したこともあり、生乳生産量は、全国で前年度比二・一％減の七四五万トンにとどまった。牛の体力が回復し、搾乳量が元に戻るまでは約一年かかる。バター用に使う生乳は、多くが飲料用の需要が少ない冬から春に作られるし、乳製品については、バター以外にも生クリームやチーズなど様々な用途がある。生乳は非常に腐敗しやすいため、まず最も生鮮性が求められる牛乳や生クリームなどに加工され、最後に保存性の高いバターや脱脂粉乳に加工される。最近はコンビニのスイーツブームなどで生クリームの需要が増え、結果的にバターにしわ寄せがきたという。

　輸入したバターの種類も違っていた。国内の乳業メーカーは、国内産の生乳を原料に、保存期間の短い家庭用の冷蔵バターと、保存期間の長い菓子メーカー用の冷凍バターの両方を製造している。足りないのは家庭用の冷蔵バターなのだが、輸入されるのは冷凍バターしかない。このため農林水産省としては、冷凍バターを輸入し、それを乳業メーカーを通して業務用に回し、その結果、余った国内産生乳で家庭用バターを作り、これを市場に供給しようと考えた。これでバター不足を解消しようという狙いだった。

ところが在庫量があまりにも減っていたため、乳業メーカー等は、今後も安定的な供給を続けられるために在庫を抱え込み、そこに供給不安が追い打ちをかけて、家庭用バターを買い急ぐ消費者が急増したこともあって結局、店頭のバターが品薄になったと、農林水産省では説明している。

海外飼料に円安も農家直撃

一二月に農水省では、バターの製造、流通に関わる業界団体などを集め、「家庭用バターの最大限の供給」を行うよう異例の申し入れを行った。クリスマスまでに供給できる、具体的な数量を早急に報告するとともに、小売店や洋菓子店などに対しても、十分な供給量があることを情報発信するように強く求めたのだ。

また今年に入ってから、輸入の判断を一、五、九月の三回にわたって行うほか、輸入される冷凍バターも、二五㌕ブロックだけでなく、一㌕から五㌕に小分けにした冷凍バターを輸入するなど、需要者の使い勝手をよくするような運用改善を行うと発表した。

農林水産省からの異例の製造要請によって、バター不足は一旦、沈静化したように見える。しかしこれで、抜本的な問題が解決した訳ではない。というのもそもそもバターの原料となる生乳の生産減が続いているためだ。

牛乳を生産する国内の農家数を見てみると、二〇〇五年には全国に二万八、〇〇〇戸あった酪農家は、一四年には一万九、〇〇〇戸と一〇年間で三分の二となった。日本の酪農は競争激化の中、零細農家が淘汰されて残った農家一戸当たりの飼育頭数が増える形で、生産を維持してきた。今や北海道の酪農家の平均飼育頭数はヨーロッパを越える。ところが最近は、規模拡大を上回る形で農家の廃業が相次ぎ、その結果牛の頭数も、この一〇年間で一六五万頭から一三九万頭に減ってきている。

減少の要因は、経営を取り巻く環境が厳しくなってきたためだ。乳牛用のエサは、ほとんどが海外からの輸入。主な原料はトウモロコシで、その国際価格は二〇〇〇年代後半から上がり続け、去年の豊作による値下がりも、アベノミクスによる急激な円安で効果は打ち消された。生産費の三割から五割をしめる購入飼料のコストは経営に重くのしかかり、主産地の北海道で生乳一〇〇キログラム当たり、一、八五一円から二、六五一円と一〇年前に比べ一・四倍となっている。一方で飲用牛乳の価格は、茶系飲料との競争で縮小していることもあり、値上げは難しい。

さらに深刻なのは、酪農家にとって今後の展望が見えないことだ。今はチーズやバターなどの乳製品は高い関税を設定して、国がこれを守っている。しかし、現在行われているＴＰＰ交渉などでアメリカやニュージーランド、オーストラリアは乳製品の関税撤廃などを強く求めている。

一方で、一二月からは新潟県三条市の教育委員会が、市内の小中学校での給食による牛乳の提供を四ヵ月間にわたって中止することを決めた。米飯給食が増えたことから、米飯に牛乳は合わない、という声が父兄の間から相次いだことを受けての措置だった。給食は酪農家にとって重要な需要先である。こうした動きが広がれば、酪農家にとってまさに死活問題となる。国としては規模拡大をして、生乳の生産量を増やしてもらいたい。しかし酪農家としては、ＴＰＰ交渉や需要の行方が分からない中で、大規模な投資をしての規模拡大は出来ないというのが本音だろう。

牛乳の需給調整は時間を擁す

生乳を巡っては二〇〇六年に、余剰分を捨てるという問題も起きた。牛乳の消費が減る一方で、エサとなる牧草が豊作で供給が過剰となり、北海道ではおよそ一〇〇〇トンの生乳が工場などで処分された。

牛乳は牛を妊娠させて生産するものなので、増産や減産に時間がかかり、需給調整が難しい。このため国内で生産された生乳は、まずは飲料用の牛乳として利用され、余った牛乳を保存の利くチーズやバターなどに加工して、需給調整を行うという構造になっている。

〇六年当時は加工用の施設が不足し、結局、絞った牛乳を廃棄せざるを得なかった。乳業メーカーはこの時の反省からチーズ工場を増やし、加工設備を整えた。ところが今度は、先行き不安から供給が大幅に減少し、加工する牛乳が足りなくなったという訳だ。

一方でバターの輸入を増やすことはなかなか難しい。海外でのバターの取引価格は世界での人口増加や、中国など新興国での需要の増加を背景に、上昇と下落を繰り返しながらも、上昇傾向にある。乳製品の輸入は今後難しくなってくることが予想され、いま輸入を増やせば、国内の酪農家はますます意欲を失って廃業が進み、バターの供給は、今以上に不安定になる恐れがある。

政府としても、酪農家を支援するために、飼料米などを使った国内でのエサ生産の取り組みや、乳牛の品種改良などを通してのコストダウン、それに加工用生乳に対する補給金など、酪農家の経営を支える様々な政策を打ってきてはいる。しかし、酪農に対する将来不安を払拭しなければ農家の減少に歯止めはかからないであろう。

農林水産省では三月にも、今後五年間の酪農振興の基本計画を打ち出すことにしている。牛乳や乳製品の生産を維持するためには、この中で酪農家が安心して規模拡大が出来るような政策を、どれだけ打ち出すことが出来るのかにかかっている。

（おうせ　ひろき・日本放送協会解説委員）

鳥インフルエンザ見えざる敵と果てなき闘い

「地方創生」を考える

南日本新聞報道部　三　宅　太　郎

ガタガタガタガタ……報道部のファクスが動き出す。二〇一四年一一月二七日、時間は午後六時を回っていた。送信元は鹿児島県自然保護課。文面は「出水平野で越冬中のツルに鳥インフルエンザの疑い」だった。一〇年一二月以来、ほぼ四年ぶりとなる県内での鳥インフルエンザ発生を伝える報道連絡だった。

「やはり来たか」。

韓国では一月から「H5N8型」の高病原性鳥インフルエンザの流行が続き、国内でも野鳥の感染例が相次いで報告されていただけに、覚悟はしていた。問題は、出水平野に密集する養鶏場への飛び火をどう防ぐか。最悪の事態にならないことを願いつつ、県庁に急ぐ。この日から一週間、出水と鹿児島を往復する日々が始まった。

出水市は言わずと知れた「ツルの町」だ。東シナ海を臨む東干拓地、荒崎休遊地の二カ所は国内最大のツル越冬地として知られ、毎冬一万羽を超すツルが大陸からやって来る。

同時に、マルイ農協、赤鶏農協という二つの養鶏専門農協が本所を置く出水市は、「養鶏の町」でもある。肉用鶏、採卵鶏合わせて五〇〇万羽が飼育されており、こちらも市町村別では国内トップを誇る。

一一月二九日、予定より早く鹿児島大学での遺伝子検査結果が出ると聞き、現地に入った。行政や農家を取材していて意外に感じたのは、対応が思った以上に冷静だったことだ。「四年前はパニック状態だった」と当時支局長だった農政キャップから聞いていただけに、「やるべきことをやるだけだ」と口をそろえ、淡々と作業を進める姿に正直拍子抜けした。むしろ報道の方が過熱しているとさえ感じるほどだった。

過去の体験を生かして

何が、養鶏農家の彼らを変えたのか。前回の発生を教訓に対策マニュアルが整備されたことも一因だろう。だがやはり、農家一人ひとりがこの病気と向き合う気持ちを切らさずにいたことが、最大の理由ではなかったか。

ある農家は「二〇一〇年が一つの転機だった」と話してくれた。「自分が養鶏で食べていく以上、何をやらなくてはならないか。それを思い知らされたから」。見えざる敵との果てなき闘いは、養鶏を生業とする者の宿命――。この地域で鶏を飼う多くの農家がそんな気持ちを共有できていたからこそ、二度目のパニックは起きなかった。そう思った。

残念ながら、ウイルスはその後、宮崎、山口、岡山、佐賀の養鶏場に侵入。年の瀬も押し迫った一二月三〇日には、鹿児島県内のふ化農場が山口の感染農場から卵を導入していたことが分かり、県は急きょ埋却処分に追われた。

家畜伝染病の戦いは宿命か

それにしても、ほんの一昔前までこれほど家畜伝染病がクローズアップされることはなかった。鳥インフルエンザで言えば、二〇〇四年の山口県での発生が国内七九年ぶり。口蹄疫なら〇〇年の宮崎県のケースが国内九二年ぶりだった。それから一〇年余り、家畜伝染病はあまりに「身近」なものになってしまっている。鹿児島県では一三年末から一四年にかけて、豚流行性下痢（ＰＥＤ）が一九九六年以来の規模で大流行し、六万頭を超す子豚が犠牲になった。

何故だろう。毒性が変異したのか、国内外の「人・モノ」の移動が活発化したせいなのか。機会あるたびに専門家に尋ねてみるものの、「これだ」と言える答えは見つからない。そんな中、鹿児島大学共同獣医学部の小澤真准教授がこんな話をしてくれた。

「生産効率の向上を目的に育種改良された家畜・家禽の遺伝的多様性が、失われているのではないか」。肉の歩留まりがいい、たくさん卵を産む。家畜・家禽が経済動物である以上、効率を求める改良は当然だが、そのことが病気への耐性を弱め、「果てなき闘い」をより厳しいものにしているのではないかというのだ。

それだけですべてが説明できる訳ではないが、「なるほど」とは思った。同時にそれは、安さを求める消費者と、それに応えようと邁進する食品・流通業界が産み出した「負の遺産」なのかもしれない。

この数十年、畜産の生産現場は生き残るために、「育種改良」や「規模拡大」を強いられ続けてきたからだ。

この騒動が起きる前、一三年の夏にある採卵鶏農家を取材したことがある。古い鶏舎にギュウギュウに押し込められた鶏たちの姿が印象的だった。そんな鶏舎を案内しながら、経営者の男性は「鶏卵は物価の優等生というけどね、僕らには『ほめ殺し』にしか聞こえない。優等生でいるために、農家がどれだけ努力しているか、誰も分かってくれないでしょう」とこぼした。

彼ら農家は、生き残るために規模を拡大し、作業を自動化し、農場は「採卵工場」になった。数字との闘いに追われながら、「見えざる敵」、ウイルスにも備えなければならない。そのための経費を誰がみてくれる訳でもない。そんな現場を知っていればこそ、先に触れた「養鶏に生きる者の宿命」という言葉が一層重く感じられた。

ＰＥＤでも同じような嘆きを聞いた。鹿児島県獣医務技監だった北野良夫さん（一四年三月定年）は小紙への寄稿文の中で、「この四半世紀で養豚農家一戸当たりの飼養頭数は四倍に膨れ上がったが、それだけの規模拡大に見合った衛生技術が追いついていない」と懸念。

被害の大きかった大隅半島の農家も、「やれるだけのことはやっているつもりだが、手が足りない。このままじゃいけないということは分かっているのだが……」と言葉を濁した。

伝染病に最大の怒りは生産者

そんな農家の悲哀などお構いなしに、見えざる敵の手は迫ってくる。中国、韓国、台湾をはじめ、日本を取り巻く各国では今、家畜伝染病が蔓延している。今回の鳥インフルエンザウイルスも韓国で流行中のものとＤＮＡ型が一致しているが、それでも侵入経路は分からない。一四年四月に熊本県の養鶏場で、高病原性鳥インフルエンザが発生した際も、関係者は一様に「渡り鳥がほぼ北帰した後なのに、何故今起きるのか」と首をひねった。その答えは謎のままだ。

家畜伝染病が発生すると、行政や識者、そしてマスコミも口を揃えて、「防疫対策の徹底を」と呼びかける。それは間違いではないし、すべての畜産農家が万全の対策を取っている訳でもない。

注意喚起はマスコミの役割でもある。それは分かっているのだが、「県は防疫対策の徹底を呼びかけている」と記事を締めるたびに、何かを忘れているような気がしてならない。

ＰＥＤが大隅半島で燃えさかっている頃、養豚農家に怒られたことがある。「現場を見たか。現場のことをどれだけ分かっているのか。行政も学者もマスコミも、何も知らないくせに」。もちろん反論はした。面白半分に記事を書いている訳ではないから。それでもやり場のない怒りを抱えた生産農家の気持ちは分かる。

鹿児島の養鶏場へのウイルス侵入は、現時点では確認されていない（二〇一五年一月二〇日の時点）。他県での発生例も一～二件にとどまっている。「無辜（むこ）の鶏」が多数殺処分されたことは残念だが、二〇一一年の宮崎県で起きたケースと違い、今回は各産地ともまだ「点」の状態にとどまっているのが救いと言えるだろう。春の到来まではまだ時間がかかる。これ以上の感染拡大が起きないことを願うばかりだ。

（みやけ　たろう）

「イオン農場」取材ツアー／農政ジャーナリストの会

企業による農業参入の実際

会員　池田辰雄

営業収益六兆三、九五一億円（二〇一四年二月）の日本最大の小売業、イオンが全国各地で農業に参入している。子会社のイオンアグリ創造がこれまでに一八農場を展開、総面積は三〇〇ヘクタルに達する。生産・流通している農産物のグループ内シェアは〇・一％とわずかだが、「直営農場産」としてイオン店舗に並べられ、存在感を示す。背景にあるのは〇九年の農地法改正と一三年の農地中間管理事業法による大幅な規制緩和と企業参入支援だ。農業生産法人の設立といった地元との共同出資の態勢でなく、農地を借りて直接農場を経営する手法を取ってきた。同社が最初に開設した茨城県牛久市の牛久農場を対象に、農政ジャーナリストの会が昨年末開いた取材ツアーに参加し、企業による農業参入の実際を垣間見た。

イオン牛久農場のビニールハウスと看板

「我々は農業を始めて五年の素人。地域の農家の皆さん追いつきたい」。そして「最初は乗っ取りに来ていると思われていたが、最近はイオンさん、（うちの農地を）借りてくれと声をかけられる。地域に支えられていると感じる」と、農場長の浜本潤さん（三六）。親会社が生鮮食料品を主に扱う小売りならではのことだろうが、取材中、常に「地域」が強調された。講演した福永庸明社長（四五）は農作業の効率化に触れる中で、「機械化は重要だが、地域の雇用も大事だ。企業が農業参入した、でも雇用が生まれないではだめだ」と話した。

イオンがこの地に農場を開設したのは〇九年七月。イオンアグリ創造が牛久市東部の耕作放棄地二・六ヘクタールを直接、地権者から借り受け、復元工事を施した。当時の牛久市には手を加えれば復元可能な耕作放棄地が二〇八㌶あった。同市の総農地面積の一割に相当する。農家の協力を得て毎年、三㌶ほどに菜の花を植えるなどして活用を図ってきた。同市の農業への企業誘致もそうした取り組みの一環で行われた。

その前年末には、東証一部上場企業と食品部門を持つ優良企業計一、七七五社に参入を呼びかけるパンフレットが同市から送られた。担当の農業政策課は、「生産法人を設立しようにも核となる担い手がいない。遊休農地の活用と農業の活性化につながれば、参入方式にはこだわらない」（全国農業新聞〇九年九月一八日付）と話している。この辺のいきさつを福永社長は、「当時の市長から（親会社の）岡田元也社長宛に『当市で農業をやりませんか』と手紙をいただいた」と明かした。

その頃、企業参入を支えていたのは「特定法人貸付制度」と名付けられた特例である。前身は〇三年に設けられた「構造改革特区」での特定法人貸付事業だ。遊休農地が相当程度存在する地域を抱える市町村が企業と協定を結び、農地をリース形式で取得させて参入を許す農地法の特例で、農業生産法人以外の法人による農業経営が初めて可能となった。農水省はこの特例措置を〇五年の農業経営基盤強化促進法改正に盛り込み、同制度が生まれた。この結果、〇九年一二月の改正農地法施行前までの参入法人数は合計四三六社、年平均六五社に上り、一定の役割を果たした。

イオンがどんな意気込みで農業に参入したかを当時の紙面からもう少し見てみよう。二〇〇九年九月に行われた農場開設を祝うキャベツ苗の定植イベントで池辺勝幸市長（当時）は、「イオンさんには今日から牛久市の農家の一人になってもらう」と挨拶。これに対し藤井慈生社長（同）は、「地域の一員になることは当然」としながらも、「お客様の満足が基本。高品質の農産物を無駄なく低コストで生産することに加え、流通・販売を含めてどれくらい総合力を発揮できるかが勝負」（いずれも前掲紙）と、農業に企業として取り組む姿勢を強調している。

それから五年、企業の農業参入をめぐる状況はさらに大きく変わった。〇九年には農地改革以来の農地法の大改正が行われた。リース方式なら地域を限定せずに農地の権利取得が可能となり（特定法人貸付制度は廃止）、参入が全面自由化された。リース期間も最長五〇年まで延長が可能となり、所有権とほぼ遜色のない経営展開が図れるようになった。一三年末には大規模でまとまった農地の借り受けが可能となるよう「農地中間管理事業法」が施行され、企業による農地集積や規模拡大がいっそう容易に行える環境が整いつつある。

農水省によると、改正農地法施行後から一四年六月までの参入法人数は計一、五七六で、それまでの三・六倍に達した。年平均では三五〇法人と施行前の約五倍のペースで増えている。農地法に基づく農業生産法人数も二〇〇〇年以降急増し、一四年現在全国で一万四、三三三法人に上る。

営業部もあり、販売は自由裁量

牛久農場はその後経営規模を拡大し、現在は一六㌶でキャベツ、白菜、小松菜などを周年で栽培する。社員三～四人が常駐し、「コミュニティ社員」と呼ばれる二二人のパート従業員が日々の農作業をこなす。コミュニティ社員の最年長は八三歳で、男女比は六対四。定年退職者や地権者の農家など八〇人以上が登録され、各自が毎月六〇時間程度、同農場で働く。

　地元農家と農業生産法人を立ち上げる形を取らなかったイオン農場の場合、栽培技術の習得が一つのネックになった。「ほとんどが独学だった」と言う浜本農場長は、インターネットなどによる情報収集と、分からないことがあると地元農家に聞いたことが役立ったと言う。その他同農場は肥料メーカーの関菱化学とアドバイザー契約を結び、土壌診断などのサポートを受けた。

　一六ヘクタールの農地は管理棟周辺にほぼまとまっている。一角にハウス二五棟が建てられ、小松菜が周年栽培（年五・五～六回転）されている。地権者は一二人で、リース期間は五年である。浜本農場長は、「最初は市の仲介に頼っていたが、今では仲介無しに農地を借りている。今後は借り受け期間の長期化も考えたい」と話す。

　生産・流通量については明かされなかった。現状では全一八農場で生産される農産物はイオンリテール（全国に五三八店舗を抱えるイオングループの総合小売部門）が扱う生鮮食料品の〇・一％という。筑波大学の納口るり子教授などの研究報告によると、イオンアグリ創造社の年商は三〇億～三五億円（二〇一二年）と推定されている。生産された野菜などは「直営農場産」と包装やポップなどで差別化されて農場近くの店舗に並ぶ他、依頼を受けた地域のバイヤーなどに供給される。ただ、イオンアグリ創造には営業部もあり、販売は「自由裁量に任されている」（福永社長）とのことだった。

納口教授らによると、同社は直営農場の他に全国の集荷業者や卸、生産者組織などと生産委託契約を結んでおり、同社の生産物のうち約七割が委託生産によるもの、また取り扱い生産物のうち六～七割が加工向けとなっているという。加工向けの一部はイオンのプライベートブランド（ＰＢ）「トップバリュ」のキムチ・餃子・千切りキャベツなどとして売られている。福永社長は筆者の取材時、委託契約先を四〇法人と話している。

イオンアグリ創造の目指す農業

イオンアグリ創造が今後をどう展望しているかなどについては、福永社長が講演の形で語った。後日配布された資料の内容を含めその概要を以下に採録しよう。

現在、全国に一八農場がある。総面積は三〇〇ヘクタールほどになる。二〇一五年からは福井県あわら市や埼玉県久喜市でも生産を始め、同年のうちに五〇〇ヘクタールへと拡大させる。直接運営型の参入方式をとったのは農業生産のすべてを把握・理解でき、農場経営のノウハウの蓄積とコスト削減が可能だからだ。セブンファーム（7&i）のような共同出資型（農業生産法人方式）は初年度から安定した生産が見込めるなどの長所の一方、生産全体を把握できず、コスト削減などが難しいといったデメ

講演する福永社長

リットもある。

一五年からは埼玉県羽生市の耕作放棄地で米作りにもチャレンジする。米価は確かに下がったが、これまでの単価は果たして正しかったのかを検証したい。規模は一〇〇ヘクタールが一つの目安だ。我々はサラリーマンなので周年就労が必要だ。そのためには米プラス野菜の複合経営で行きたい。

安全・安心な農産物の持続的な生産・供給を目指し、一〇年の牛久農場を皮切りに一三年までに一二農場でグローバルＧＡＰ（一九九七年、ヨーロッパ発の安全な農産物を目指す基準と手続き）を取得した。約四〇ある生産委託法人にも取得をお願いしている。今後はオーガニック農産物も視野に入れて推進したい。

雇用促進も当社の使命だ。一三年度は約二〇人、一四年度は約四〇人を採った。一五年度も四〇人近くが新規入社する。地域雇用者も約二三〇人いるほか、特別支援学校と社会福祉法人などからの雇用も一〇団体に及ぶ。企業が農業に参入した。しかし雇用が生まれないでは駄目だ。当社は若い社員が多いので「夢を持ち、果敢にチャレンジしていこう」という気風が生まれている。意欲ある社員には海外短期留学もさせる。彼らが働きやすい職場を作っていきたい。

地域に根付く技術の伝承や地域ブランドづくり、食育にも取り組みたい。

（いけだ　たつお・全国農業新聞）

編集後記

▽…国産ワインが「元気です」と、ワインソムリエの知人からワインのプレゼントです。元気の意味は近年、国内のワイナリーが活況で、特にワイン好きというわけでないが、なるほど美味い。外国産に劣らないほど、国産ファンも多くなってきたそうです。そんな折、欧州ワインの関税撤廃が新聞で報じられていました。

▽…衆院選挙後、TPPの行方が大きく関わるアメリカと合意に近づいている様子。巨大与党を背景に安倍政権は農業改革をすすめるが、研究会テーマの特集はズバリ『農業改革、議論の行方』。政府委員会で議論が進められ、委員を講師に時期に合った研究会。講師各氏には多忙の中で改めて深謝。農業改革には、自主的組織の農協にも改革を迫っていますが、「農協」の何が問題なのか次の研究会テーマに。

▽…昨年末に西日本の鳥インフルエンザ。発端の鹿児島に『地方記者の眼』を依頼。事件発生時をリアルに報告。また『農政の焦点』は、見落すことの出来ないものばかり。止まらない米価格下落が気になりますし、農協改革と安倍政権、店頭からバターが消えた真相など、ご一読。農政ジャーナリストの会（JA）では昨年末、話題のイオン農場を取材。参加者が大勢集まり、関心の高さがうかがえる日になりました。（青）

【お知らせ】『日本農業の動き』は次号の一八七号から発行・編集を「農政ジャーナリストの会」で自主制作。販売は農林統計協会。会員諸兄にはご理解ご協力お願いいたします。

日本農業の動き No.186
農業改革、議論の行方

定価は裏表紙に表示してあります（送料は実費）。

平成二七年三月二七日発行©

編集　農政ジャーナリストの会
会長　合瀬宏毅
〒100-0004 東京都千代田区大手町一の三の一（JAビル）

発行　一般財団法人　農林統計協会
〒153-0064 東京都目黒区下目黒三-九-一三　目黒・炭やビル
電話 (03) 三四九二-二九八七（普及部）
(03) 三四九二-二九五〇（編集部）

URL : http://www.aafs.or.jp/
振替　〇〇一九〇―五―七〇二五五

購読のお申込みは近くの書店か、発行所へご連絡下さい。
バックナンバーもご利用下さい。

PRINTED IN JAPAN 2015　ISBN978-4-541-04022-0　C0061